Druck von R. Oldenbourg in München

Kommt der Kohlenstaub-Dieselmotor oder die Hochdruckgas-Dieselmaschine?

Eine Studie

von

F. Ernst Bielefeld

Zivilingenieur

Mit 115 Bildern im Text

Verlag von R. Oldenbourg · München und Berlin 1928

»Das viele Grübeln und Probieren schuf neuen Gedanken Bahn. Darunter die Idee der Kohlenstaubverwertung. Wir wollen darüber deshalb ein wenig plaudern, weil nicht nur Großes auf diesem Gebiet schon erreicht ist, sondern weil allem Anschein nach noch Größeres und Wichtigeres bevorsteht. Der Kohlenstaub wird aller Voraussicht nach sehr bald die festen Brennstoffe als Feuerungsmaterial in Industriefeuerungen und Zentralheizungen ersetzen und darüber hinaus auch die flüssigen Brennstoffe in unsern Gasmotoren. Schon laufen in zwei bekannten deutschen Fabriken seit Wochen neue Konstruktionen von Kohlenstaubmotoren. Mit fieberhafter Spannung verfolgen unsere ersten Fachleute die erzielten Fortschritte, und vielleicht ist der Augenblick nicht mehr fern, wo man der Öffentlichkeit namhafte Erfolge vorlegen kann.

Der Kohlenstaub ist ein echtes Aschenbrödel. Noch vor zehn Jahren war er teils verachtet, teils gefürchtet. Wer kaufte wohl eine Kohle, die reich mit Staub vermengt war, wer machte sich die Mühe, den Kohlenstaub aus dem Kohlenwagen zusammenzufegen und zu verwerten.

Auf dem Bergwerk schüttete man den Kohlenstaub auf die Halde. Vielleicht verwendete man ihn, um einen Weg oder Damm aufzuschütten, aber nimmermehr zum Feuern. Und in der Grube unten, da war er ein böser Feind. Denn das wußte man: wenn feinverteilter Kohlenstaub irgendwo entzündet wurde, dann konnte das sehr kräftige Explosionen geben mit verheerenden Wirkungen. Neuerdings deckt man daher den Kohlenstaub ganz planmäßig im Bergwerk mit Gesteinstaub zu oder hält ihn ständig feucht.

Den Vereinigten Staaten gebührt das Verdienst, die wirtschaftliche Bedeutung dieses Aschenbrödels zuerst erkannt zu haben, und dem deutschen, früher in Amerika tätigen Ingenieur H. Bleibtreu, daß diese Erfahrungen uns zugänglich gemacht wurden, so daß er selbst und andere darauf bauen konnten. Dabei handelt es sich zunächst nur um Kohlenstaubfeuerungen. Die andere Seite des Problems: der Kohlenstaubmotor, ist von anderer Seite entwickelt worden.

Heute wollen wir uns nur mit dem Material, mit dem Kohlenstaub selbst, etwas beschäftigen. Mag man anfangs auch nur an die Verwendung des anfallenden Staubes gedacht haben: diese Periode liegt schon hinter uns. Heute wird Kohlenstaub ganz planmäßig aus fester Kohle erzeugt. Der gewöhnliche Kohlenstaub, wie man ihn so antrifft, hat nicht das Höchstmaß von Tugenden. Er ist noch zu grob, er ist zu ungleichmäßig, und daraus entstanden ganz erhebliche Schwierigkeiten. Erst als man darauf kam, diesen natürlichen Staub noch feiner zu mahlen und außerdem gleich die festen Brennstoffe zu zermahlen zu einem ganz feinen Mehl, da wurde offenbar, wie viel bequemer und vorteilhafter sich die Kohle in dieser Form verwenden läßt.

Wir stellen uns ja den Übergang eines Körpers in den gasförmigen Zustand so vor, daß wir annehmen, daß die Moleküle sich immer mehr lockern. Wäre es also möglich, z. B. Kohle bis auf Molekülgröße fein zu mahlen, dann bekämen wir eigentlich direkt ein Kohlengas. Soweit haben wir es nun noch nicht gebracht. Die heute übliche feinste Mahlung führt uns nur zu Körnchen von $^2/_{100}$ mm Durchmesser. Das ist das $3^1/_2$-millionenfache eines Moleküls.

Nun braucht ein Kubikmeter reiner Koks zur vollständigen Verbrennung etwa 14000 m³ Luft. Jedes der obengenannten Kohlenstäubchen muß also, wenn es vollständig verbrennen soll, eine Luftatmosphäre von etwa $^1/_2$ mm um sich tragen. Gelänge es uns, diese idealen Zustände zu erreichen, dann wäre das Problem gleich gelöst. Leider ist kein Weg zu erkennen, wie man diese gleichmäßig feine Verteilung praktisch erreichen soll. Aber gottlob erzielen wir schon sehr viel, wenn wir uns dem Ideal nur etwas nähern. Und das geschieht einmal durch die erwähnte sehr feine Mahlung und dann durch die Trocknung. Feuchter Staub »klebt« zusammen. Das können wir nicht brauchen. Daher muß allergrößte Trockenheit erreicht werden, nur dann kann ein Luftstrom, mit dem wir den Staub aufwirbeln und fortführen, eine dem Ideal nahekommende feine, gleichmäßige Verteilung hervorrufen. Je mehr das gelingt, um so plötzlicher und intensiver verbrennt der Kohlenstaub. Beim Kohlenstaubmotor muß in dieser Richtung noch weiter gearbeitet werden, für die Kohlenstaubfeuerung kommen wir aber schon heute mit der erwähnten Mahlung zu guten Ergebnissen.

Wichtig ist, daß bei dieser Mahlung ja auch der wirkliche Kohlengehalt von unverbrennlichen Beimengungen (z. B. anhaftender Erde) getrennt wird. Zur Aschenbildung führende unverbrennbare Bestandteile einer Kohle stören, wenn sie vermahlen ist, weit weniger, als wenn sie im festen Zustand verwendet wird. Deshalb führt die Mahlung dazu, auch stark verunreinigte Kohle mit fast demselben, ja mit höherem Nutzen verbrennen zu können, wie die beste, reinste Stückkohle.

Inzwischen ist dem Kohlenstaub-Dieselmotor ein sehr ernst zu nehmender Wettbewerber entstanden. Es ist die Hochdruckgas verbrennende Dieselmaschine. Hochschulprofessoren haben bisher immer und immer wieder es ihren Hörern felsenfest eingehämmert und den Lesern ihrer Werke unüberwindbar tief eingeprägt, daß es unmöglich sei, in einer Dieselmaschine Gas zu verbrennen. Gemeint war unter Dieselmaschine die alte Bauart mit muldenförmigem Brennraume und zentraler Einspritzvorrichtung. In einer derartigen Maschine kann natürlich Gas nicht verbrannt werden. Es gibt aber verschiedene Ausführungen des Brennraumes der Dieselmaschine, die die Verbrennung von Gas ermöglichen. Es sind dies die Maschinen mit zwangläufiger Verbrennung am Gebläsebrenner. Es wird bei diesen Dieselmaschinen die

Nach einem Bericht über die Versuche aus dem Gebiete der Wärmekraftforschung von Max Jakob, Berlin, vgl. Z. d. V. D. I. 1928, Nr. 11, S. 380, bietet der Kohlenstaub-Dieselmotor die Aussicht, die Brennstoffkosten im Vergleich zur Ölmaschine auf etwa $\frac{1}{4}$ zu ermäßigen. Auf der vierten Tagung des Ausschusses der Wärmeforschung ist über die Verbrennungsvorgänge in Maschinen berichtet worden. Die Z. d. V. D. I. schreibt darüber: »Nußelt berichtet zunächst über die Geschwindigkeit der Verbrennung von Kohlenstaub unter Druck. Die gemeinsam mit Dipl.-Ing. Wentzel im Laboratorium für Wärmekraftmaschinen der Technischen Hochschule München begonnenen Versuche sollen eine thermodynamische Vorarbeit für den Bau des Kohlenstaubmotors sein, an dem zwei Stellen in Deutschland arbeiten.

Die Versuchseinrichtung besteht aus einer kugelförmigen Bombe für Drücke bis zu 120 at. Von oben wird durch ein Ventil der Kohlenstaub mittels Druckluft eingeblasen. Die Luft in der Bombe wird vorher dadurch erhitzt, daß man darin ein Gemisch von Wasserstoff, Sauerstoff und Stickstoff elektrisch zündet. In die sich abkühlenden Gase wird bei einem bestimmten Druck der Kohlenstaub eingeblasen; er verbrennt dann in heißer Druckluft, die allerdings statt Stickstoff teilweise Wasserdampf enthält. Die Verbrennung wird an Zeitdruckdiagrammen studiert, aus denen der Zündverzug, die Dauer des Druckanstiegs bei der Verbrennung und die Verbrennungszeit abgelesen werden. Durch Senkung der Temperatur beim Einblasen des Kohlenstaubes kann man ferner die Selbstzündungstemperatur ermitteln.

Nachdem das Knallgas entzündet worden ist, schließt ein Kontaktmanometer während der Abkühlung der Gase beim Erreichen eines einstellbaren Druckes einen elektrischen Stromkreis, und hierdurch wird ein Steuermagnet betätigt, der einen Kolbenschieber bewegt, dadurch wird Drucköl zu einem Kolben am Einspritzventil geleitet und die Ventilnadel gehoben. Der Nadelhub wird zusammen mit den Schwingungen einer Stimmgabel aufgezeichnet.

Bisher wurde mit Anfangsdrücken von 1,65 und 3,1 at u. a. gefunden, daß der Zündverzug mit Zunahme von Druck und Temperatur kleiner wird (bei 1000° C rd. 0,01 s). Unter 655° C trat bei 1,65 at Anfangsdruck keine Zündung des Kohlenstaubes mehr ein. Auf Anfragen teilte der Vortragende mit, daß er der Einfachheit halber einen gewöhnlichen Bleistiftindikator von Maihak verwende. Er glaubt, aus den beiden Verbrennungslinien im Diagramm den Einfluß der Kolbenmasse ausscheiden zu können. Prof. Neumann, Hannover, bemerkte, er benutze einen optischen Indikator von großer Genauigkeit. Der Zündverzug werde vielfach durch die Trägheit der Indikatoren vergrößert.

Über die Aussichten der Verwendung von Kohlenstaub im Motor wird in der Hamburger Technischen Rundschau 1926, Nr. 37/38, S. 10, folgendes berichtet:

Vorwort.

In den Köpfen vieler Erfinder schwingen augenblicklich Ideen über den Kohlenstaub-Dieselmotor. Auch der Kohlenstaub-Verpuffungsmotor wurde versucht, aber infolge der Schwierigkeiten der Gemischbildung und der Abnützung von Kolben und Zylinder aufgegeben. Doch beim Kohlenstaub-Dieselmotor sind nicht geringe Schwierigkeiten zu überwinden! Während man in Strahleinspritz-Dieselmaschinen den Treiböltröpfchen sehr gut die nötige Energie erteilen kann, die zu ihrer Verteilung im Brennraume erforderlich ist, ist dies bei Kohlenstaub, der natürlich zu allerfeinstem Puder gemahlen sein muß, damit er überhaupt in der zur Verfügung stehenden kurzen Zeit verbrennen kann, nicht so einfach. Es kommen anscheinend vorläufig nur zwei Bauarten des Kohlenstaub-Dieselmotors in Betracht, nämlich der Dieselmotor mit Lufteinblasung und der Vorkammer-Dieselmotor, dessen Vorkammer bereits beim Saughub mit Kohlenstaub-Luft-Emulsion geladen wird. Ähnlich wie beim kompressorlosen Dieselmotor, die zur Verteilung des flüssigen und gasförmigen Brennstoffes nötige Energie durch die Vorverpuffung in der Vorkammer erzeugt wird, so wird sie auch beim kompressorlosen Kohlenstaub-Dieselmotor durch eine scharfe Verpuffung in einer Vorkammer erzielt. Der Kohlenstaub hat den Vorzug der größeren Billigkeit gegenüber Treiböl. Es muß aber abgewartet werden, ob nicht diesem Vorteile andere schwerwiegende Nachteile gegenüberstehen. Versuchsarbeiten dürfen hier nicht zu hoch bewertet werden. Erst ein mehrjähriger praktischer Betrieb außerhalb des Werkes kann Aufschlüsse über alle Fragen bringen.

Jedenfalls macht die Verteilung des Kohlenstaubes im Brennraume der Dieselmaschine, besonders bei größeren Zylinderabmessungen, große Schwierigkeiten. Es ist daher die Frage berechtigt: »Lohnt sich überhaupt der Aufwand an konstruktiven Anordnungen für die Erreichung des Zieles, oder ist es vorteilhafter die Kohlenstaub-Dieselmaschine überhaupt zu verwerfen.«

Vorgebliche Kenner der technischen Entwicklung behaupten, daß der Kohlenstaub-Dieselmotor bereits um 10 Jahre zu spät komme, wenn er jetzt überhaupt betriebssicher sei. Die Vertreter erster Dieselmotorenfirmen behaupten, daß noch 5 Jahre für die Durchkonstruktion und Erprobung des Kohlenstaub-Dieselmotors erforderlich seien.

VI

Wir stellen uns ja den Übergang eines Körpers in den gasförmigen Zustand so vor, daß wir annehmen, daß die Moleküle sich immer mehr lockern. Wäre es also möglich, z. B. Kohle bis auf Molekülgröße fein zu mahlen, dann bekämen wir eigentlich direkt ein Kohlengas. Soweit haben wir es nun noch nicht gebracht. Die heute übliche feinste Mahlung führt uns nur zu Körnchen von $^2/_{100}$ mm Durchmesser. Das ist das $3^1/_2$-millionenfache eines Moleküls.

Nun braucht ein Kubikmeter reiner Koks zur vollständigen Verbrennung etwa 14000 m³ Luft. Jedes der obengenannten Kohlenstäubchen muß also, wenn es vollständig verbrennen soll, eine Luftatmosphäre von etwa $^1/_2$ mm um sich tragen. Gelänge es uns, diese idealen Zustände zu erreichen, dann wäre das Problem gleich gelöst. Leider ist kein Weg zu erkennen, wie man diese gleichmäßig feine Verteilung praktisch erreichen soll. Aber gottlob erzielen wir schon sehr viel, wenn wir uns dem Ideal nur etwas nähern. Und das geschieht einmal durch die erwähnte sehr feine Mahlung und dann durch die Trocknung. Feuchter Staub »klebt« zusammen. Das können wir nicht brauchen. Daher muß allergrößte Trockenheit erreicht werden, nur dann kann ein Luftstrom, mit dem wir den Staub aufwirbeln und fortführen, eine dem Ideal nahekommende feine, gleichmäßige Verteilung hervorrufen. Je mehr das gelingt, um so plötzlicher und intensiver verbrennt der Kohlenstaub. Beim Kohlenstaubmotor muß in dieser Richtung noch weiter gearbeitet werden, für die Kohlenstaubfeuerung kommen wir aber schon heute mit der erwähnten Mahlung zu guten Ergebnissen.

Wichtig ist, daß bei dieser Mahlung ja auch der wirkliche Kohlengehalt von unverbrennlichen Beimengungen (z. B. anhaftender Erde) getrennt wird. Zur Aschenbildung führende unverbrennbare Bestandteile einer Kohle stören, wenn sie vermahlen ist, weit weniger, als wenn sie im festen Zustand verwendet wird. Deshalb führt die Mahlung dazu, auch stark verunreinigte Kohle mit fast demselben, ja mit höherem Nutzen verbrennen zu können, wie die beste, reinste Stückkohle.

Inzwischen ist dem Kohlenstaub-Dieselmotor ein sehr ernst zu nehmender Wettbewerber entstanden. Es ist die Hochdruckgas verbrennende Dieselmaschine. Hochschulprofessoren haben bisher immer und immer wieder es ihren Hörern felsenfest eingehämmert und den Lesern ihrer Werke unüberwindbar tief eingeprägt, daß es unmöglich sei, in einer Dieselmaschine Gas zu verbrennen. Gemeint war unter Dieselmaschine die alte Bauart mit muldenförmigem Brennraume und zentraler Einspritzvorrichtung. In einer derartigen Maschine kann natürlich Gas nicht verbrannt werden. Es gibt aber verschiedene Ausführungen des Brennraumes der Dieselmaschine, die die Verbrennung von Gas ermöglichen. Es sind dies die Maschinen mit zwangläufiger Verbrennung am Gebläsebrenner. Es wird bei diesen Dieselmaschinen die

»Das viele Grübeln und Probieren schuf neuen Gedanken Bahn. Darunter die Idee der Kohlenstaubverwertung. Wir wollen darüber deshalb ein wenig plaudern, weil nicht nur Großes auf diesem Gebiet schon erreicht ist, sondern weil allem Anschein nach noch Größeres und Wichtigeres bevorsteht. Der Kohlenstaub wird aller Voraussicht nach sehr bald die festen Brennstoffe als Feuerungsmaterial in Industriefeuerungen und Zentralheizungen ersetzen und darüber hinaus auch die flüssigen Brennstoffe in unsern Gasmotoren. Schon laufen in zwei bekannten deutschen Fabriken seit Wochen neue Konstruktionen von Kohlenstaubmotoren. Mit fieberhafter Spannung verfolgen unsere ersten Fachleute die erzielten Fortschritte, und vielleicht ist der Augenblick nicht mehr fern, wo man der Öffentlichkeit namhafte Erfolge vorlegen kann.

Der Kohlenstaub ist ein echtes Aschenbrödel. Noch vor zehn Jahren war er teils verachtet, teils gefürchtet. Wer kaufte wohl eine Kohle, die reich mit Staub vermengt war, wer machte sich die Mühe, den Kohlenstaub aus dem Kohlenwagen zusammenzufegen und zu verwerten.

Auf dem Bergwerk schüttete man den Kohlenstaub auf die Halde. Vielleicht verwendete man ihn, um einen Weg oder Damm aufzuschütten, aber nimmermehr zum Feuern. Und in der Grube unten, da war er ein böser Feind. Denn das wußte man: wenn feinverteilter Kohlenstaub irgendwo entzündet wurde, dann konnte das sehr kräftige Explosionen geben mit verheerenden Wirkungen. Neuerdings deckt man daher den Kohlenstaub ganz planmäßig im Bergwerk mit Gesteinstaub zu oder hält ihn ständig feucht.

Den Vereinigten Staaten gebührt das Verdienst, die wirtschaftliche Bedeutung dieses Aschenbrödels zuerst erkannt zu haben, und dem deutschen, früher in Amerika tätigen Ingenieur H. Bleibtreu, daß diese Erfahrungen uns zugänglich gemacht wurden, so daß er selbst und andere darauf bauen konnten. Dabei handelt es sich zunächst nur um Kohlenstaubfeuerungen. Die andere Seite des Problems: der Kohlenstaubmotor, ist von anderer Seite entwickelt worden.

Heute wollen wir uns nur mit dem Material, mit dem Kohlenstaub selbst, etwas beschäftigen. Mag man anfangs auch nur an die Verwendung des anfallenden Staubes gedacht haben: diese Periode liegt schon hinter uns. Heute wird Kohlenstaub ganz planmäßig aus fester Kohle erzeugt. Der gewöhnliche Kohlenstaub, wie man ihn so antrifft, hat nicht das Höchstmaß von Tugenden. Er ist noch zu grob, er ist zu ungleichmäßig, und daraus entstanden ganz erhebliche Schwierigkeiten. Erst als man darauf kam, diesen natürlichen Staub noch feiner zu mahlen und außerdem gleich die festen Brennstoffe zu zermahlen zu einem ganz feinen Mehl, da wurde offenbar, wie viel bequemer und vorteilhafter sich die Kohle in dieser Form verwenden läßt.

Verbrennungsluft zwangläufig an den feinstverteilt eindringenden Brennstoff herangeführt, so daß eine Gebläsebrennerflamme entsteht. Die verbrannten Gase werden ebenso zwangläufig wieder abgeleitet. Man bezeichnet solche Maschinen als Luftspeicher-Dieselmaschinen, weil die Luft aufgespeichert und dann in den feinstverteilt eindringenden Brennstoff (Ölnebel oder Gasschleier) gedrückt wird. Das Hochdruckgas kann nun hergestellt werden durch Verdampfen von Treiböl oder was bei großen Anlagen das Gegebene ist, durch Kohlevergasung unter hohem Druck bei hoher Temperatur unter Gegenwart von Katalysatoren. Es ist dies das Verfahren nach Bergius und Billwiller, das unter dem Namen »Kohle-Verflüssigung« bekannt ist. Zur Anwendung des Verfahrens bei Hochdruckgas-Verbrennungskraftmaschinen wird natürlich die Kohle nicht erst verflüssigt, vielmehr das in den Retorten entstehende Gas als solches in dem Brennraume der Maschine verbrannt.

Die Entwicklung wird ergeben, ob die Kohlenstaub-Dieselmaschine oder die Hochdruckgas-Brennkraftmaschine, die nach dem Dieselverfahren arbeiten würde, sich durchsetzen wird oder ob beide Maschinengattungen nebeneinander bestehen werden. Zu beachten ist ferner die Entwicklung des Höchstdruck-Dampfkessels (Benson — S. S. W. — Berlin) mit Kohlenstaubfeuerungen.

Hamburg, im Juli 1928.

F. Ernst Bielefeld.

Inhaltsverzeichnis.

Literatur.

Dr. Friedrich Bergius, Heidelberg: »Die Verflüssigung der Kohle«. Vorgetragen auf der Kohlentagung in Essen am 26. April 1925. Z. d. V. d. I. 25, Nr. 42/43.

Derselbe: Berg- und Hüttenmännische Zeitschrift »Glückauf« 25, Nr. 42 u. 43.

V. d. I. — Zeitschrift 1926, Sonderheft: »Entgasen und Vergasen«.

Großmann: »Moderne Methoden der Kohleverwertung« 1928. Polytechnische Buchhandlung A. Seydel, Berlin.

Fischer: »Die Umwandlung der Kohle in Öle«.

Hugo Güldner: »Das Entwerfen und Berechnen von Verbrennungskraftmaschinen«. 1903.

Abendroth: Dampfkraftanlage mit Benson-Kessel im Kraftwerk der Siemens-Schuckertwerke. Z. d. V. d. I. 1927, S. 657 ff.

H. W. Gonell: »Ein Windsichtverfahren zur Bestimmung der Kornzusammensetzung staubförmiger Stoffe«. Z. d. V. d. I. 1928, Nr. 27, S. 945 f.

Förderreuther: »Über die maschinelle Siebung zur Bestimmung der Feinheit von Kohlenstaub«. Berlin W 15, Geschäftsstelle der Techn.-Wirtsch. Sachverständigenausschüsse des Reichskohlenrates.

H. Gleichmann: »Das Benson-Verfahren zur Erzeugung höchstgespannten Dampfes«. V.D.I.-Zeitschrift 1928, Nr. 30, S. 1037 ff.

I. Einleitung.

Wenn man heute als Fachmann über Dieselmotoren zum Betriebe mit Kohlenstaub sprechen soll, so kann man alles das wiederholen, was bereits Hugo Güldner in der ersten Auflage seines Werkes »Entwerfen und Berechnen der Verbrennungskraftmaschinen« 1903 auf S. 141 ff. im Abschnitte C »Die Kohlenstaubmotoren« berichtet hat. Wesentliche Fortschritte sind auf dem Gebiete der Kohlenstaub-Dieselmaschinen noch nicht zu verzeichnen, wenn es auch nach schlau ausgestreuten Gerüchten so scheinen will. — Güldner führte seinerzeit an: »Die Betriebsfähigkeit ist noch nicht erreicht«, das trifft noch heute zu. »Die Schwierigkeiten sind viel größer, als man gewöhnlich annimmt, sie liegen einerseits in den Eigenschaften und dem ganzen Verhalten des Brennstoffpulvers, andererseits in dem eigentlichen Arbeitsverfahren der Motoren selbst.«

Über die Eigenschaften des Kohlenstaubes schreibt er dann: »Bläst man feinen Kohlenstaub durch eine Flamme, so findet man ein nur wenig heizwertärmeres Koksmehl wieder; die Kohleteile sind also im wesentlichen nur entgast und günstigenfalls oberflächlich verbrannt. Diese Verbrennung verläuft um so unvollkommener, je grober der Kohlenstaub ist und je schneller er durch die Flamme geblasen wird. So wie hier stehen auch im Motor den Entzündungs- und Verbrennungsvorgängen nur Zehntel einer Sekunde zur Verfügung und wenn sie trotzdem befriedigend vor sich gehen sollen, so muß vor allem die Kohle von höchster Feinheit sein.« Man hat seinerzeit anscheinend die Versuche nur mit Steinkohlenpulver durchgeführt, das noch nicht so fein vermahlen wurde, wie man es heute ausführen kann.   och hat man auch an mit Gas gesättigten Braunkohlenstaub gedacht, wie die Literatur einwandfrei zeigt.

Heute verwendet man vorzugsweise Braunkohlen- und Torfpulver, das leichter zündet als Steinkohlenpulver und einen Betrieb ohne Zündöl ermöglicht. Das im Dieselmotor zu verbrennende Braunkohlenpulver wird durch ein Sieb mit etwa 8000 bis 10000 Maschen auf 1 cm² geschüttelt. Hierzu wird Kohlenpulver etwa 9 Stunden lang in der Kugelmühle so fein gemahlen, daß alles durch dieses außerordentlich feine Sieb geht. Vorteilhaft kann man auch den Staub aus Brikettfabriken verwenden, wenn er auf elektrischem Wege niedergeschlagen wird. Solcher Staub enthält Teilchen, die nur noch aus 5 bis 10 Molekülen Kohlenwasserstoff bestehen, während die meisten Teilchen etwa 3 bis 4 Millionen Moleküle C enthalten. Zum Vergleich sei erwähnt, daß ein Treiböltröpfchen von 0,01 mm Durchm., wie es bei der Zerstäubung im Durchschnitt gebildet wird, etwa 1,43 Billionen Moleküle enthält.

Güldner berichtet über die Gemischbildung bei Kohlenstaub: »Bläst man Kohlenstaub in den Brennraum ein, so schwebt er einige Zeit in der Luft, ein genügend gleichmäßiges und inniges Gemisch im Zylinder kommt nicht auf.« — In der Tat muß man der Verteilung des Kohlenstaubes die allergrößte Aufmerksamkeit zuwenden; denn die Schwierigkeiten, ihn im Brennraume zu verteilen, sind erheblich größer als bei der Druckeinspritzung von Treiböl in der modernen verdichterlosen Dieselmaschine.

Güldner führt voraussehend richtig an: »Es muß Kohlenstaub von höchstmöglichen Feinheitsgraden hergestellt werden. Je feiner der Kohlenstaub ist, desto größer werden aber seine Erzeugungskosten, desto umständlicher und gefährlicher ist seine Herbeischaffung und Aufspeicherung und desto schwieriger wird die geregelte Verteilung und Einführung in den Zylinder.

Die Gemischbildung wie in Vergaser-Verpuffungsmotoren stößt praktisch auf bedeutende Hindernisse. Ein Ansaugen ist nicht angängig, weil der Staub von den öligen Zylinderwänden sehr gierig angezogen wird, in der der Kolben schon nach wenigen Minuten festläuft. Mehr Aussicht auf Erfolg scheint die nachträgliche Einführung des Staubes, beispielsweise nach dem Verfahren Diesels zu bieten. Auch hier kommen manche bedenkliche Umstände, wie das starke Verdichten des bekanntlich explosiven Kohlenstaubes in einer heißen Ventildüse außerhalb des Zylinders, das Zusammenbacken (Brikettieren) des Staubes zu Klumpen unter hohem Druck ernstlich in Frage. Eine weitere — und weitaus die gefährlichste Verschmutzung der Zylinder- und Kolbenwände verursachen die unbrennbaren und unverbrannt gebliebenen Kohlenteilchen. Nimmt man den ideellen Fall an, daß aller eingeführte Kohlenstaub vollkommen verbrennt, so bleiben immer noch die Schlakken und Aschen, deren Menge ist nicht gering, da beispielsweise feinster böhmischer Braunkohlenstaub über 5 vH, feinster schlesischer Steinkohlenstaub aber 9 bis 10 vH Asche gehabt hat. Diese harten Rückstände wirken nicht nur betriebshemmend, sondern als scharfes Schleifmittel unbedingt zerstörend. Gerade mit der Fernhaltung und Beseitigung der unverbrannten Brennstoffteilchen aus dem Arbeitszylinder befassen sich denn auch, wie die Patentschriften zeigen, die meisten Erfinder von Kohlenstaubmotoren.

Das Letzte für oder gegen die Lebensfähigkeit einer Kraftmaschine spricht immer deren Wirtschaftlichkeit, und diese ist bei dem Kohlenstaubmotor keineswegs sehr verlockend, wie mit einigen Zahlen bewiesen werden soll. Den mittleren Heizwert eines kg Kohlenstaubes zu 6500 WE und den wirtschaftlichen Wirkungsgrad der Verbrennungsmaschine übertrieben hoch für den Anfang wenigstens zu 18 vH angenommen, dann würde 1 PSeh rd. 0,55 kg Brennstoff erfordern.« —

Die Firma Kosmos G. m. b. H., Dipl.-Ing. Rud. Pawlikowski, Görlitzer Maschinenfabrik, Görlitz, gibt den Brennstoffverbrauch mit rund 0,50 kg/PSeh bei Braunkohlenpulver an. —

»Die Wirtschaftlichkeit wird erst erreicht, wenn der Verbrauch nur 0,20 bis 0,22 kg/PSeh entsprechend einem wirtschaftlichen Wirkungsgrade von 48,5 bis 44 vH betragen würde. Allerdings ändert sich das Verhältnis erheblich zugunsten des Kohlenstaubmotors, wenn dieser sich den Staub selbst bereitet, wenn also jedem Motor eine vollständige Zerkleinerung und Reinigungsanlage mitgeliefert wird. Ob das im allgemeinen angebracht und die richtige Lösung der Frage ist, kann gegenwärtig unerörtert bleiben.«

»Es ist aber auch gar nicht zu erkennen, warum gerade die motorische Verbrennung, die sich doch unter ungewöhnlich erschwerten Verhältnissen abspielt, aus der festen Form der Brennstoffe einen Nutzen führen soll, nachdem man bei den Feuerungsanlagen seit Jahrzehnten unausgesetzt daran arbeitet, die Wärmeausbeute durch vorgängige Vergasung der Kohle zu erhöhen. Diese Zustandsumwandlung wird in den jetzigen Kraftgaserzeugern auf einfachste Weise und mit einer so vollständigen Stoffausnützung bewirkt, wie sie eine unmittelbare Verbrennung des Kohlenstaubes gar nicht erwarten läßt.« —

Inzwischen ist auch für Feuerungsanlagen die Kohlenstaubverbrennung in geradezu idealer Weise gelöst worden. Ob der Kohlenstaub-Dieselmotor durchgesetzt oder durch eine vollkommenere Maschine ersetzt werden wird, muß die Zukunft zeigen. Die Gegner der Kohlenstaub-Dieselmaschine behaupten, daß sie bereits 10 Jahre zu spät kommt, da ja inzwischen das Hochdruck-Kohleverflüssigungs-Verfahren nach Bergius und Billwiller betriebssicher durchgebildet worden ist und auch wirtschaftlich arbeitet. Da hier die Kohle nicht so fein zu vermahlen ist wie bei Verwendung im Dieselmotor, so fallen die Herstellungskosten für den Kohlenstaub (Mahlung — Siebung — Trocknung — Aufbereitung und Förderung) fort. Jedenfalls ist Diesel-Treiböl nach dem Bergin-Verfahren hergestellt zu annehmbaren Preisen erhältlich, während Kohlenpulver, das sofort in der Dieselmaschine verbrannt werden kann, überhaupt nicht erhältlich ist.

Nachstehend sei die geschichtliche Entwicklung des Kohlenstaubmotors an Hand der mir bekannt gewordenen Patentschriften gestreift.

Den Anfang hat anscheinend MacCallum mit Vorkammer-Verbrennungsmotoren nach den brit. Patenten Nr. 816 A.D. 1891 und Nr. 17549 A.D. 1894 gemacht. Dann folgen:

Wickfeld, Bernstein, Rudolf Diesel, Zechmeister (Diesel), Pinther, Wachtel und Stoltz, Krupp-M.A.N., Worgitzky, Höflinger, Vogt und von Recklinghausen, Haselwander, Trinkler, MacCallum, Wachtel und Stoltz, Bielefeld, Grosse, Weikersheimer, Zeher, Schnürle, Pawlikowski und Heitmann.

Versuche mit Kohlenstaubmotoren haben angeblich unternommen: MacCallum, Worgitzky, Vogt und von Recklinghausen (bei Deutz), Rud. Diesel, M.A.N.-Krupp, Bielefeld, Pawlikowski, I. G. Farbenindustrie und Patschke.

Die Patentschriften von MacCallum weisen sehr beachtenswerte originelle Einzelheiten im Aufbau des Motors auf, so ist bereits eine schleusenartig wirkende Zufuhrvorrichtung für den Kohlenstaub vorhanden, eine Vorkammer mit verengtem Hals und eine offene Vorkammer im Kolbenboden. Ferner sind interessant die Wasser- oder Öldichtung der Arbeitskolben, die Spülvorrichtung zur Entfernung der Asche, die Übertragung der Kolbenbewegung durch Wasser (Humphrey-Pumpe) und ein auf- und abwärts bewegter Rost in einem Hilfsraume (Vorkammer) im D.R.P. Nr. 139812.

Indikatordiagramme des Hochdruck-Kohlenstaubmotors bringt H. Güldner in der ersten Auflage seines Werkes Verbrennungskraftmaschinen 1903 auf S. 144. Dort befindet sich auch die Beschreibung des Motors von Worgitzky. Eine Abbildung dieses Motors befindet sich auf S. 145 und auf S. 146 bringt Güldner einiges über den Motor von MacCallum.

Das D.R.P. Nr. 304141, Bielefeld, enthielt ursprünglich noch zwei weitere Ausführungen, die für alle Brennstoffe, einschließlich pulverförmige, beschrieben waren. Der Herr Vorprüfer hat seinerzeit die Ausscheidung dieser Anordnungen verlangt. Es handelte sich um eine Abart der Fördervorrichtung, wobei der Brennstoff beim Saughub angesaugt werden konnte und eine andere Anordnung, bei der der Abmeßraum am Ventilsitz nicht mit der freien Luft in Verbindung stand, sondern mit einem Windkessel.

Auf den in der Patentschrift beschriebenen Umlauf des Brennstoffes zwischen Vorratsbehälter — Fördervorrichtung — Abmeßraum bzw. Einlaßventil und zum Vorratsbehälter zurück, hat Dipl.-Ing. Rud. Pawlikowski in Fa. Kosmos G. m. b. H., Görlitz, zurückgegriffen. Ebenso hat er die Entlüftung des Einspritzraumes nach der freien Luft hin übernommen, wodurch verhindert wird, daß unter Druck stehende Gase in den Kohlenpulvervorrat eindringen.

Die Grundlage für die Hochdruckgasverbrennung in der Brennkraftmaschine bildet das sogenannte Schnellverbrennungsverfahren mit Feinsteinspritzung des Brennstoffs und zwangläufiger Zuführung der Verbrennungsluft des Verfassers. Oberregierungsrat Dr.-Ing. Karl Büchner schreibt darüber in seinem Werkchen: »Beitrag zu den Grundlagen der schnellaufenden Halbdieselmotoren« (Verlag Wilhelm Knapp) Halle (Saale) 1926, S. 39.

»Bielefeld gibt der Verbrennungskammer eine birnenförmige Gestalt, außerdem springt der Brennstoffventileinsatz etwas nach innen vor. Hierdurch und durch die besondere Formgebung des Verdrängerzapfens erzeugt er in der Vorkammer einen flach gedrückten Ringwirbel, der an seiner Innenseite den senkrecht zur Zylinderachse stehenden ebenen Brennstoffschleier von außen trifft und den Brennstoffstaub nach dem Verdrängerzapfen hin mit sich fortträgt. »Bielefeld spricht von Luftumwälzung in Verbindung mit Feinstzerstäubung zwecks Schnellverbrennung« und gibt damit in bezeichnender Weise an, wie die Gemischbildung vorteilhaft beeinflußt werden kann.

Dieselben Grundgedanken kehren auch bei seiner Zweitaktmaschine wieder. Der Spülluftstrom soll in der Nähe des Brennstoffventils eine Umkehr seiner Bewegungsrichtung erfahren, so daß gegen Ende des Verdichtungshubes, wenn sich die beiden einander gegenüberliegenden vorspringenden Teile des Zylinderdeckels und des Arbeitskolbens einander nähern, wiederum ein Ringwirbel entsteht, der die Mündungsebene des Brennstoffventils schneidet.«

Diese Bauart der Dieselmaschine ist ohne weiteres für die Verbrennung von Hochdruckgas vorherbestimmt. Im letzten Abschnitt ist über sie ausführlich berichtet.

II. Die Entwicklung der Kohlenstaub-Dieselmaschine in geschichtlicher Hinsicht.

Wie fast jede Maschinen-Bauart, so hat auch die Kohlenstaub-Dieselmaschine eine zeitlich weit zurückreichende Entwicklung durchgemacht.

Den Anfang hat anscheinend MacCallum mit Vorkammer-Verbrennungsmotoren nach den brit. Patenten Nr. 816 A. D. 1891 und Nr. 17549 A. D. 1894 getan. Es folgen dann:

Wickfeld	D. R. P. Nr. 13002 vom	2. 7. 80
Bernstein	D. R. P. Nr. 28617 vom	21. 12. 83
Rudolf Diesel	D. R. P. Nr. 67207 vom	28. 2. 92
Rudolf Diesel	D. R. P. Nr. 82168 vom	30. 11. 93
Zechmeister (Diesel)	D. R. P. Nr. 82675 vom	19. 7. 93
Pinther	D. R. P. Nr. 85157 vom	15. 1. 93
Wachtel u. Stoltz	D. R. P. Nr. 119819 vom	3. 11. 97
Krupp-M.A.N.	D. R. P. Nr. 118857 vom	8. 2. 98
Worgitzky	D. R. P. Nr. 107951 vom	18. 2. 99
Höflinger	D. R. P. Nr. 128187 vom	23. 10. 00
Vogt u. von Recklinghausen	D. R. P. Nr. 137832 vom	18. 12. 00
Vogt u. von Recklinghausen	D. R. P. Nr. 141815 vom	20. 11. 00
Haselwander	Brit. P. Nr. 10110 vom	15. 5. 01

Trinkler	D. R. P. Nr. 148106 vom 25. 5. 01
MacCallum	D. R. P. Nr. 139812 vom 26. 5. 01
Bielefeld	D. R. P. Nr. 299462 vom 24. 11. 11
Bielefeld	D. R. P. Nr. 304141 vom 1. 5. 11
Stein	D. R. P. Nr. 303934 vom 17. 5. 16
Grosse	D. R. P. Nr. 280471 vom 26. 2. 14
Weikersheimer	D. R. P. Nr. 298796 vom 2. 3. 15
Zeher	D. R. P. Nr. 366302 vom 19. 11. 20
Schnürle	D. R. P. Nr. 298997 vom 31. 8. 22
Pawlikowski	D. R. P. Nr. 417081 vom 20. 2. 23
Pawlikowski	D. R. P. Nr. 426004 vom 10. 7. 24
Pawlikowski	Österr. P. Nr. 98572 vom 25. 11. 24
Heitmann	D. R. P. Nr. 411409 vom 29. 11. 23

Über den Motor von MacCallum berichtet Hugo Güldner in der ersten Auflage seines Werkes »Entwerfen und Berechnen der Verbrennungskraftmaschinen« 1903 auf S. 146 in Abschnitt C »Die Kohlenstaubmotoren«:

Das New Engine Syndikate zu London hatte 1901 in Glasgow einen Verbrennungsmotor ausgestellt, von dem der offizielle Katalog sagte: »producing power by the direct combustion of coal without the employement of steam boilers.« Die stehende Maschine hatte 483 mm Bohrung, 457 mm Hub und sollte bei 110 U/min im Zweitakt 100 PS_e leisten. Im Kurbelgehäuse würde die Spülluft verdichtet; die Überströmventile saßen im Kolbenboden. Nur der Zylinderdeckel war gekühlt, der Zylinder selbst hingegen ohne Mantel, doch hatten die inneren Wandungen, wie beim Worgitzky-Motor eine Wasserspülung. Die Verdichtungsspannung wurde unwahrscheinlich niedrig zu 3 at angegeben. Der Motor ist während der Ausstellung nicht in Gang gekommen, angeblich weil das Vorwärmen des Zylinders durch ein äußeres Feuer, wie es die Inbetriebsetzung bedingt, von der Ausstellungsleitung nicht gestattet wurde. Eine kleinere Versuchsmaschine soll indes seit 1898 mit Kohlenstaub gut arbeiten und seitdem von Sachverständigen wiederholt untersucht worden sein. Die betreffenden Gutachten bringen aber keine zahlenmäßigen Angaben, sondern sprechen auf Grund der gewonnenen Eindrücke nur die Erwartung aus, daß diese »type of the future« bei vollkommener Durchbildung mit $1/_2$ Pfund Steinkohle 1 PS_eh leisten werde.

In England ist die MacCallum-Maschine unter Nr. 816/1891 und 17549/1894 patentiert; nach dem letztgenannten Patent war der Ausstellungsmotor gebaut. Gegen Ende des Abwärtshubes strömt die Spülluft aus der Kurbelkastenpumpe durch die Ventile im Kolben in den Zylinderraum und treibt die Abgase durch ein Auslaßventil im Zylinderdeckel aus. Von der beim Auftrieb verdichteten Luft wird kurz vor Hubwechsel ein Teil als Einblaseluft aus dem Arbeitszylinder in einen Aufnehmer geleitet.

Wegen der ungekühlten und innen dick verkleideten Zylinderwände ist die Verdichtungstemperatur im Betriebe höher als die Entzündungstemperatur des Brennstoffes. Wenn dieser nach Überschreitung der oberen Hubgrenze eingeblasen wird, soll bis zum Abschluß des Brennstoffventils angeblich allmähliche Verbrennung stattfinden. Zum Vorwärmen der kalten Maschine sind an dem Verdichtungsraume mehrere Lucken angeordnet.

Bis jetzt ist der Motor MacCallums noch nicht auf den Markt gekommen; das New Engine Syndicate bezweckt die Ausbeutung der zum Teil schon alten Patent- und Ausführungsrechte des Erfinders, hat dabei anscheinend aber noch keinen nennenswerten Erfolg aufzuweisen. Daß dieser jüngste Kohlenstaubmotor im gegenwärtigen Zustande eine vorübergehende Betriebsfähigkeit besitzt, steht außer Zweifel; ob dessen weitere Entwicklung zur Betriebssicherheit und Wirtschaftlichkeit, kurz zu einer praktischen Lebensfähigkeit führen wird, muß die Zukunft erst zeigen. Jedenfalls hat aber MacCallum in der unmittelbaren motorischen Ausnutzung des Kohlenstaubes mehr erreicht, als irgend jemand vor ihm.

Die Patentschriften von MacCallum weisen sehr beachtenswerte originelle Einzelheiten im Aufbau des Motors auf, auf die ein neuerer Erfinder, Rud. Pawlikowski, mehrfach zurückgegriffen hat. So ist unter anderem bereits eine schleusenartig wirkende Zufuhrvorrichtung für den Kohlenstaub vorhanden, eine Vorkammer mit verengtem Hals und eine offene Vorkammer im Kolbenboden. Ferner sind interessant die Wasser- oder Öldichtung der Arbeitskolben, die Spülvorrichtung zur Entfernung der Asche, die Übertragung der Kolbenbewegung durch Wasser (Humphrey-Pumpe).

Abb. 1 zeigt einen Schnitt durch eine solche Kohlenstaub-

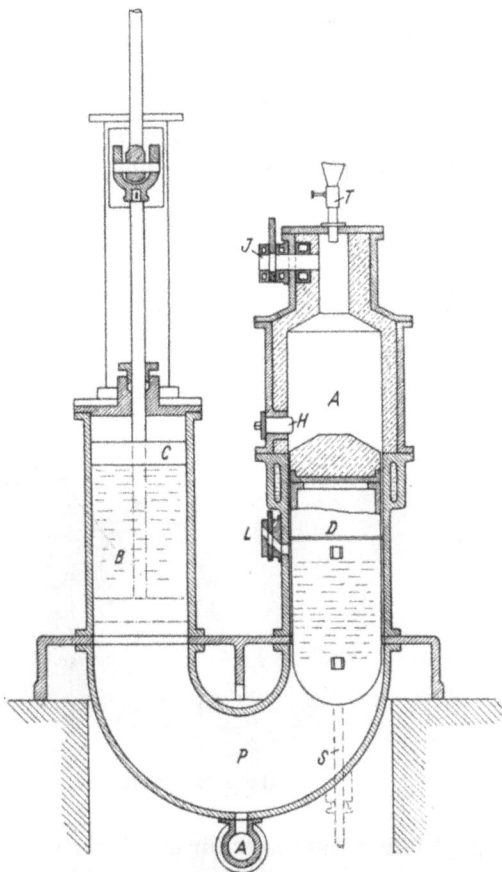

Abb. 1. MacCallum (brit. P. 816 A.D. 1891).

maschine nach dem brit. Patent Nr. 816 A.D. 1891. Durch den Schieber *J* wird frische Luft in den Zylinder *A* gebracht, der mit feuerfesten Steinen ausgekleidet ist. Der Kolben *D* ist auf der Brennraumseite ebenfalls mit feuerfesten Stoffen verkleidet. Der Kohlenstaub wird bei *T* zugeführt. Der Kolben *D* überträgt seine Bewegung durch den Wasserbehälter *P* hindurch auf den Wasserpumpenkolben *C*, der im Pumpenzylinder *B* gleitet. An dem Motorkolben *D* vorbei in das Wasser gelangende Asche kann bei *R* entfernt werden. Eine andere Ausführung nach Art der zeitgemäßen Maschinen enthält eine vereinigte Wasser- und Kolbenringdichtung am Arbeitskolben.

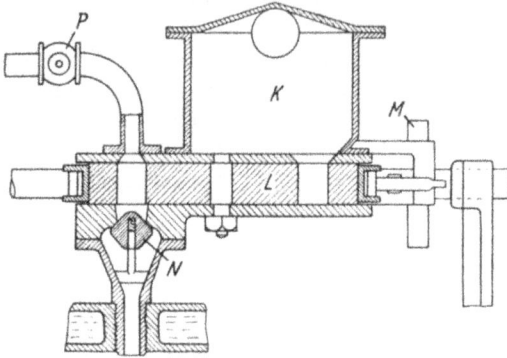

Abb. 2. MacCallum.

Das brit. Patent Nr. 17549 A.D. 1894 enthält wertvolle Einzelheiten, wie Kolbenwaschung zur Beseitigung von Koks und Asche, die in Abb. 4 veranschaulicht ist

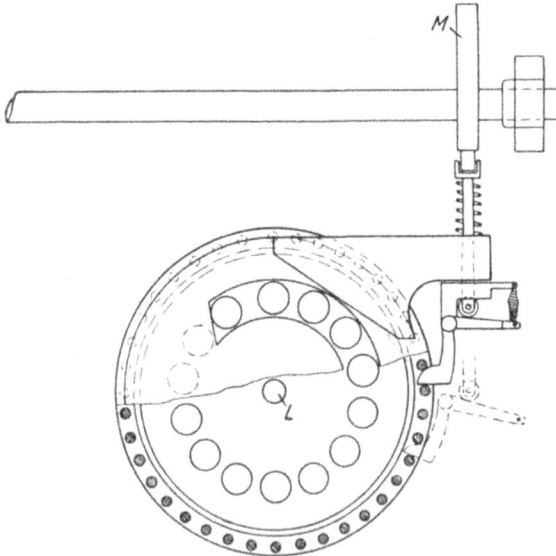

Abb. 3. MacCallum.

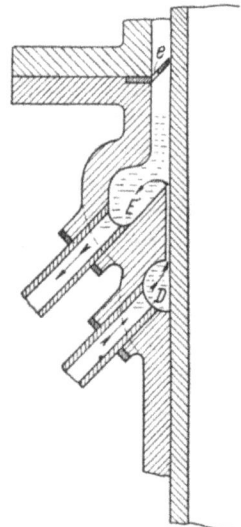

Abb. 4. MacCallum.

und ferner Zubringer für den Kohlenstaub, die in den Abb. 2 und 3 dargestellt sind. Der Zubringer besteht aus einem scheibenförmigen Schieber,

der mit Bohrungen für die Aufnahme des Kohlenstaubes versehen ist.
Natürlich hat die Dichtung des Schiebers Schwierigkeiten ergeben, da
er ja den hohen Verbrennungstemperaturen einseitig ausgesetzt ist.
Ferner ist die Regulierung der jeweils einzubringenden Menge Kohlenstaub nicht einfach. Im übrigen hatte der Motor wieder einen mit
feuerfesten Stoffen ausgekleideten Zylinder, Zylinderdeckel und Kolbenboden. Ferner war eine regelrechte Vorkammer vorgesehen.

In Deutschland ist als erster Julius Wickfeld in Bochum mit einem
Patent über einen Kohlenstaub-Dieselmotor aufgetreten. Die Patentschrift sei hier wiedergegeben:

Patentschrift

1880   — Nr. 13002 —   Klasse 46.

Julius Wickfeld in Bochum.

Kohlenstaubmotor.

Patentiert im Deutschen Reiche vom 2. Juli 1880 ab.

Bei vorliegendem Motor wirkt Luft, welche durch Entzündung
fein pulverisierten Kohlenstaubs erhitzt und ausgedehnt wird, als
treibende Kraft. Die arbeitverrichtende Luft wird zuerst in einem Verdichtungszylinder zusammengepreßt, dann teilweise mit Kohlenstaub
gemischt; letzterer wird entzündet und das Gemisch von Kohlengas
und erhitzter und ausgedehnter Luft wird in einem Arbeitszylinder
geführt.

Der Raumzunahme der Luft entsprechend ist der Arbeitszylinder
größer als der Verdichtungszylinder und dieser Raumzunahme entspricht
der Arbeitsgewinn.

In Abb. 5—10 ist die Maschine liegend, mit getrenntem Verdich-
tungs- und Arbeitszylinder und mit Schiebersteuerung dargestellt;
sie kann jedoch auch eine senkrechte oder schräge Lage erhalten;
ferner können Verdichtungs- und Arbeitszylinder vereinigt und endlich
die Schiebersteuerung durch irgendeine andere Steuerung ersetzt
werden. Ebenso kann statt der verdichteten auch nicht verdichtete
Luft in ähnlicher Weise durch Mischung mit Kohlenstaub und Entzündung desselben als treibende Kraft benutzt werden.

a ist der Verdichtungs-, *b* der Arbeitszylinder. Die beiden Kolben
haben eine gemeinschaftliche Kolbenstange und bewirken vermittelst
Pleuelstange und Geradführung in bekannter Weise die Umdrehung
der Welle *c*.

Bei beginnendem Kolbenhub erzeugt der Verdichtungskolben zuerst
eine Luftverdünnung in der Kammer *g*, indem der entsprechende Kanal
e durch den Schieber geschlossen ist, während der Kanal *f* mit der
Kammer *g* in Verbindung steht; sodann setzt der Schieber den Kanal *e*

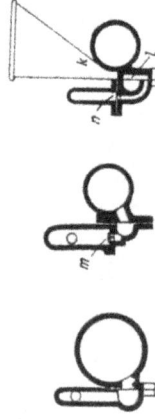

Abb. 8.

Abb. 9.

Abb. 10.

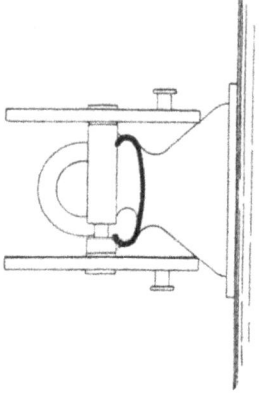

Abb. 7.

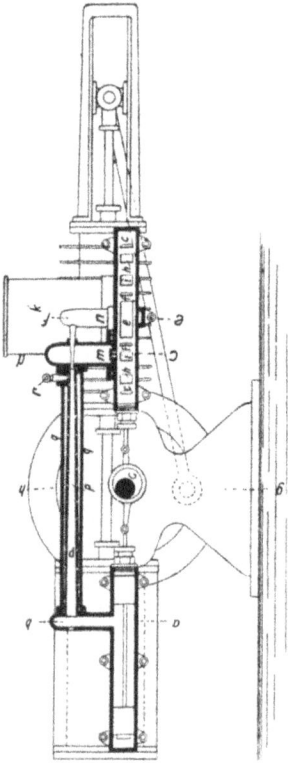

Abb. 5.

Abb. 6.

Wickfeld D.R.P. Nr. 13002.

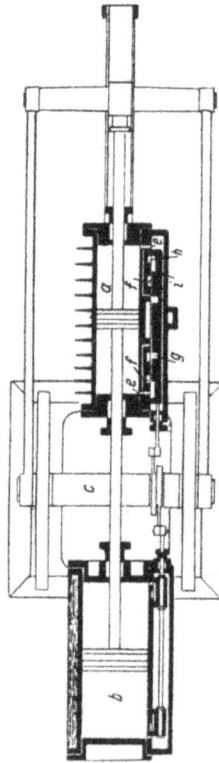

mit der ins Freie führenden Öffnung *h* in Verbindung, und der Zylinder füllt sich durch sie beim Fortschreiten des Kolbens mit Luft. Während dieser Zeit wird die Kammer *g* mit dem in den Kohlenstaubbehälter *k* führenden Kanal *i* verbunden und füllt sich zufolge der Luftverdünnung in derselben mit Kohlenstaub.

Beim Rückgang des Kolbens preßt er die Luft zum Teil durch die Kammer *g* und mit ihr den in dieser Kammer befindlichen Kohlenstaub durch den Kanal *l* und das Ventil *n* in das Verbrennungsrohr *p*, zum anderen Teil durch das Ventil *m* in den ringförmigen Raum zwischen dem Rohr *p* und dem äußeren Rohr *q*. Das Verbrennungsrohr *p* ist aus feuerfestem Ton und besitzt viele kleine Öffnungen, durch die die zur Abkühlung dienende Luft aus dem ringförmigen Raum in das Innere des Verbrennungsrohrs gelangt. Beim Ingangsetzen der Maschine erfolgt die Entzündung des Kohlenstaubs durch ein an die Öffnung *r* gehaltenes Licht, wobei die ersten Umdrehungen der Maschine mit der Hand bewirkt werden; aber bald wird, nach Angabe des Erfinders, das Verbrennungsrohr glühend, und dann kann man die Öffnung *r* schließen, indem der Kohlenstaub sich fortwährend an dem glühenden Rohr entzündet.

Ist die vollständige Verbrennung des Kohlenstaubes erreicht, so dient die weiter zuströmende Luft dazu, die heißen Gase so weit abzukühlen, daß sie nicht mehr der Maschine schaden, wodurch jedes Kühlwasser entbehrlich wird. Das Abkühlen der Gase durch die Luft schließt keinen Arbeitsverlust ein, weil die von den Gasen an die Luft übergegangene Wärme letztere ausdehnt und dadurch im Arbeitszylinder zur Verrichtung mechanischer Arbeit benutzt wird. Der zu dieser Abkühlung der Gase erforderliche Überschuß an verdichteter Luft muß bei Wahl des Querschnittsverhältnisses von Arbeits- und Verdichtungszylinder berücksichtigt werden.

Die erhitzte Luft strömt aus dem Verbrennungsrohr zunächst in den Schieberkasten des Arbeitszylinders *b* und von da in den Zylinder selbst, wo sie abwechselnd vor und hinter den Kolben geführt wird und durch ihre Ausdehnung den Kolben bewegt.

Der Arbeitszylinder wird zweckmäßig mit einem schlechten Wärmeleiter umgeben, während der Verdichtungszylinder *a* kühl gehalten werden muß, damit der Temperaturunterschied zwischen beiden Zylindern möglichst groß sei. Die Abkühlung des Verdichtungszylinders kann auf verschiedene Weise bewirkt werden; in der Zeichnung ist zu diesem Zweck eine Vergrößerung der wärmeausstrahlenden Oberfläche des Zylinders durch angegossene Rippen gewählt.

Damit die zum Entzünden des Kohlenstaubs benutzte Flamme beim Kolbenwechsel nicht erlösche, ist die Steuerung so eingerichtet, daß durch das Verbrennungsrohr ein stetiger Strom von Luft und Kohlenstaub geht.

Die Patent-Ansprüche lauten:

1. Die Mischung verdichteter oder nichtverdichteter Luft mit Kohlenstaub zum Zweck der Benutzung der durch die Verbrennung des Kohlenstaubs bewirkten Ausdehnung der Luft zur Verrichtung mechanischer Arbeit.
2. Die in beiliegender Beschreibung und Zeichnung erläuterte Art und Weise, wie der mit Luft gemischte Kohlenstaub in dem Verbrennungsrohr p entzündet und zur Ausdehnung der Luft behufs Verrichtung mechanischer Arbeit benutzt wird.
3. Bei dem vorliegenden Kohlenstaubmotor das Verfahren, die heißen Verbrennungsgase statt von außen durch Wasser usw. durch Mischung mit kalter Luft zu kühlen und so die den Gasen entzogene Wärme zum Ausdehnen dieser Luft und zur Verrichtung von Arbeit zu verwenden.
4. Bei dem vorliegenden Kohlenstaubmotor die aus den entwickelten Gründen als vorteilhaft sich erweisende Verhütung der Wärmeausstrahlung des Arbeitszylinders und Beförderung der Wärmeausstrahlung des Verdichtungszylinders.
5. Die Unterhaltung der Verbrennung statt durch eine Übertragungsflamme, elektrischen Funken, glühendes Metall usw. durch die Stetigkeit des brennenden Stroms, wie beschrieben.

Bernstein.

Dann folgt Alexander Bernstein in Boston mit einem Motor, der durch Explosionen von Kohlenstaub und Gas betrieben wird, D.R.P. Nr. 28617 vom 21. Dezember 1883.

Es ist bereits versucht, den Kohlenstaub für den Betrieb von Heißluftmaschinen zu verwenden, allein nur als Heizmaterial, durch dessen durch einen besonderen Raum vorgenommene Verbrennung die Luft in dem Arbeitszylinder der Heißluftmaschine erhitzt und dadurch zur Explosion gebracht werden soll.

Die vorliegende Erfindung beruht auf der bei Grubenexplosionen gemachten Beobachtung, daß die verheerende Wirkung solcher Explosionen nicht lediglich der Entzündung der mit einer offenen Flamme in Berührung kommenden Grubengase, als vielmehr großenteils dem Umstande zuzuschreiben ist, daß die in der Grubenluft vorhandenen Kohlenteilchen durch die entzündeten Grubengase entzündet werden und in Verbindung mit der sie umgebenden atmosphärischen Luft unter Explosionserscheinungen verbrennen, derart, daß jene furchtbaren Grubenexplosionen durch die entzündeten Gase bloß eingeleitet, durch jene Kohlenpartikel aber in ihrer ganzen Heftigkeit durchgeführt werden. Ähnliche Explosionserscheinungen zeigen sich auch in Mühlen, in denen die Luft mit feinst zerteilten Mehlteilchen geschwängert ist.

Bei Ausführung der Erfindung bedient man sich einer der bekannten, durch Explosionen im Arbeitszylinder getriebenen Kraftmaschinen, bei denen die folgenden Vorkehrungen zu treffen sind.

In den Deckel des Zylinders mündet ein Luftrohr, das durch ein Zweigrohr mit einem mit Kohlenstaub gefüllten Behälter in Verbindung steht und bei dem Vorwärtsgang des Kolbens Luft in den Zylinder einsaugt.

Die eingesaugte Luft reißt einen Teil der in dem Kohlenstaubbehälter enthaltenen Kohlenpartikelchen mit sich, so daß der Zylinder mit einem Gemisch von Luft und Kohle angefüllt ist, das bei dem nächsten Rückgang des Kolbens komprimiert und dann entzündet wird, sobald der Kolben am Ende seines Rückganges angelangt ist.

Da das Kohlenstaub- und Luftgemenge sich etwas schwer entzünden läßt, so ist es vorteilhaft, ähnlich wie bei den Grubenexplosionen, die Explosion durch die Entzündung eines explosionsfähigen Gasgemenges einzuleiten.

Dies kann auf zweierlei Arten geschehen, entweder wird ein im Augenblick der beabsichtigten Explosion eingeleitetes Gasgemenge entzündet, oder es wird die mit Kohlenstaub geschwängerte Luft im Zylinder durch gleichzeitiges Ansaugen von entzündlichem Gas mit letzterem durchaus gemischt. Auch können beide Methoden zugleich angewendet werden.

Bei der in Abb. 11 dargestellten Vorrichtung wird das Gemenge von Kohlenstaub und Luft entzündet durch vorangehende Entzündung eines im gegebenen Augenblick eingeführten explosiven Gasgemisches. Bei dem Vorwärtsgang des Kolbens a öffnet sich das Ventil b des Rohres c, durch das alsdann Luft und Kohlenstaub in den Zylinder eingesaugt wird.

Das Luftrohr d endet in die Düse e, die in dem Rohr c steckt und durch dieses nach Art eines Injektors den Kohlenstaub aus dem Gefäß f ansaugt. Der Zylinderdeckel ist ausgespart und in dieser Aussparung lagert ein mit einem seitlichen Schlitz n versehener hohler Zylinder l, der von der Kurbelwelle aus mit der nötigen Übersetzung in Umdrehung versetzt wird. Bei seiner Drehung nimmt der Zylinder aus dem Rohr m ein Gas- und Luftgemenge auf und bringt alsdann bei seiner weiteren Umdrehung im Moment, in welchem die Entzündung stattfinden soll, den Schlitz n der Öffnung o gegenüber. Wenn der Kolben, nachdem er Luft und Kohlenstaub angesaugt hat, wieder rückwärts geht, schließt sich das Ventil b und das im Zylinder befindliche Gemenge von Kohlenstaub und Luft wird komprimiert. Wenn alsdann der Kolben am Ende seines Rückwärtsganges angelangt ist, befindet sich der Schlitz n des Zylinders l der Öffnung o gegenüber; das in ihm enthaltene explosive Gas strömt in den Zylinder; gleichzeitig wird der Strom des Induktors i geschlossen. Der Induktionsfunke springt vor der Öffnung o über und

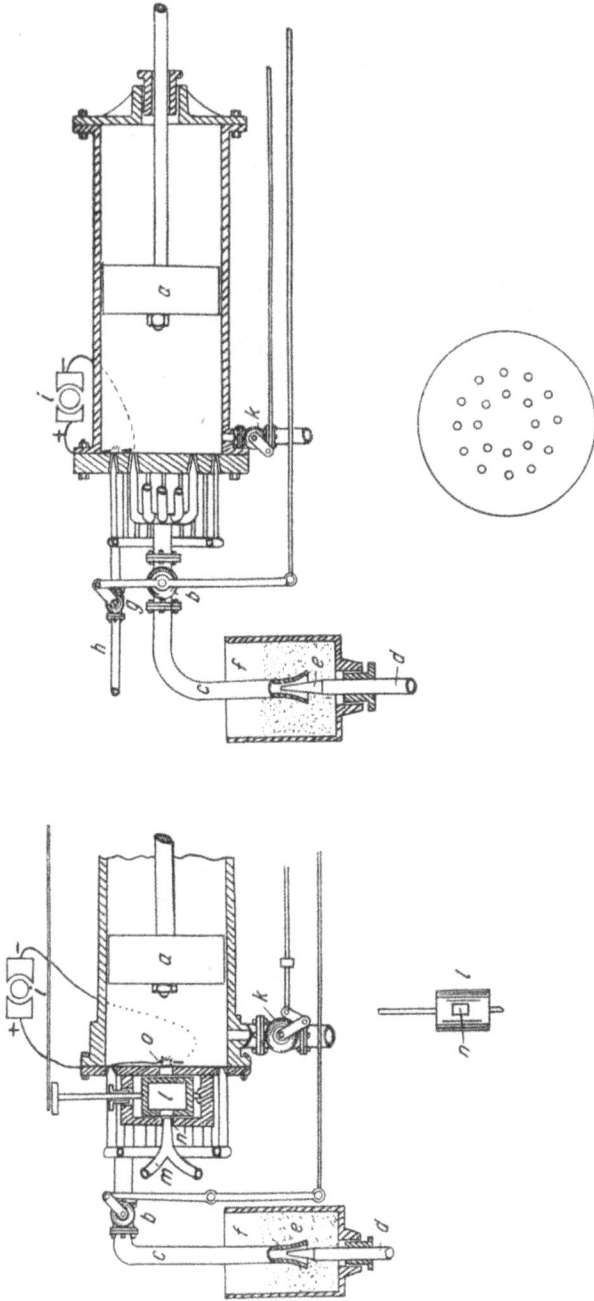

Abb. 12.

Abb. 11.

Bernstein D.R.P. Nr. 28 617.

entzündet das austretende Gasgemenge, das alsdann die Explosion der mit Kohlenstaub geschwängerten Luft in den Zylinder einleitet.

Durch die Explosion wird alsdann der Kolben vorwärts geschleudert. Beim nächsten Rückgang des Kolbens öffnet sich das Ausblaseventil k, durch das alsdann die Explosionsprodukte aus dem Zylinder ausgetrieben werden. Das Spiel beginnt alsdann von neuem. Die Düse e läßt sich in dem Rohr c verschieben, damit man das Verhältnis von Luft und Kohlenstaub regulieren kann.

Bei der in Abb. 12 dargestellten Vorrichtung wird gleichzeitig mit dem Luft- und Kohlenstaubgemenge durch das Rohr h mit Ventil g eine gewisse Menge Gas eingeleitet und hierdurch das Gemenge explosionsfähiger gemacht, so daß man alsdann den Zylinder l nebst Zubehör entbehren und das in dem Zylinder enthaltene Gemenge durch den überspringenden Induktionsfunken entzünden kann.

In den Abb. 11 und 12 sind einfach wirkende Zylinder und Kolben dargestellt, doch können sie ebensogut doppelt wirkend eingerichtet werden. Auch kann man zwei abwechselnd wirkende Zylinder anbringen und die Einrichtung so treffen, daß das Kohlenstaub- und Luftgemenge außerhalb des Arbeitszylinders komprimiert und im gegebenen Moment in komprimierten Zustand in den Arbeitszylinder eingeführt wird. Endlich kann man auch die Luft durch ein von der Maschine getriebenes Gebläse in den Zylinder eintreiben, anstatt sie von dem Kolben ansaugen zu lassen, wodurch bewirkt wird, daß eine Explosion bei jeder Umdrehung der Kurbel stattfinden kann.

Die Patent-Ansprüche lauten:

1. Die Verwendung eines Gemisches von Kohlenstaub und Luft mit Beimischung eines entzündlichen Gases zur Erzielung einer Explosion innerhalb des Arbeitszylinders einer Kraftmaschine.
2. In dem Zylinder einer Kraftmaschine die Verwendung eines Gemisches von Kohlenstaub und Luft mit Beimischung eines entzündlichen Gases, unter gleichzeitiger Anwendung eines explosiven Gasgemenges zur Einleitung der Explosion.

Diesel.

Die sehr umfangreichen und bekannten deutschen Patentschriften Nr. 67 207 vom 28. 2. 92 und Nr. 82 168 vom 30. 11. 93 von Rudolf Diesel behandeln ausführlich den Kohlenstaubmotor.

Beim D.R.P. Nr. 67 207 erfolgt die Zuführung des Kohlenstaubes durch einen zylindrischen Drehschieber (Art Hahn »Speisewalze« genannt), der eine Rinne zur Aufnahme des Kohlenstaubes enthält. Über diesen Drehschieber ist ein Vorratsbehälter mit gesteuertem Abmeßventil angeordnet. Sie weisen, was ferner sehr interessant ist, bereits die zeitgemäße Form der Kohlenstaub-Vorkammer auf. Abb. 13 zeigt eine offene Vorkammer, die wir bereits bei MacCallum kennengelernt haben. Dagegen zeigt Abb. 14 eine Vorkammer, wie man sie heute am zeitgemäßen Kohlenstaub-Dieselmotor ohne weiteres verwendet. Das eine Ventil dient zum Einfüllen von Kohlenstaub mittels Luft. Das andere Ventil dient zum hilfsweisen Ausblasen der Vorkammer mittels

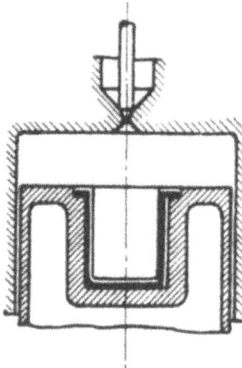 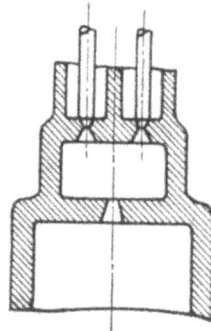

Abb. 13.   Abb. 14.

Diesel 67 207.

Preßluft, was besonders bei Steinkohlenstaub erforderlich ist, der sich schwer entzündet und dem daher nachgeholfen werden muß, was bei dem leichter entflammenden Braunkohlenstaub nicht erforderlich ist.

Hugo Güldner hat in seinem Werke: »Entwerfen und Berechnen der Verbrennungskraftmaschinen« auf S. 144 Diagramme von mit Kohlenstaub betriebenen Dieselmotoren gebracht.

Zechmeister.

Eine weitere Erfindung Rudolf Diesels am Kohlenstaubmotor ist im D.R.P. Nr. 82675 vom 19. 7. 1892 niedergelegt, das auf den Strohmann Zechmeister erteilt worden ist:

Die Feuerluftmaschinen sind offene Luftmaschinen mit geschlossener Feuerung, bei denen der Verbrennungsraum mit dem Arbeitszylinder vereinigt ist. Sie bestehen aus einer Luftkompressionspumpe und einem Arbeitszylinder. Die Luft wird in der Kompressionspumpe verdichtet und in ein Reservoir gepreßt. Aus letzterem wird sie dem Arbeitszylinder zugeführt, in dem gleichzeitig Kohlenpulver in fein verteiltem Zustande unter gleichzeitiger Entzündung eingeleitet wird, worauf das brennende Gemisch zunächst mit Volldruck und dann durch Expansion wirkt. Beim Rückgange des Kolbens werden die Rückstände ausgestoßen.

Vereinigt man den Luftzylinder mit dem Arbeitszylinder, so daß er während zweier Kurbelumdrehungen abwechselnd als Luftkompressionspumpe und als Kraftmaschine dient, so besteht der Motor nur aus

einem Zylinder. Die Arbeitsweise des Motors ist folgende: Der Kraft-
zylinder saugt beim ersten Hube Luft aus der äußeren Atmosphäre an
und verdichtet sie beim zweiten Hube, zu welchem Zwecke ein toter
Raum vorhanden sein muß. Im Totpunkte oder unmittelbar nach ihm
wird fein verteilter Kohlenstaub in die verdichtete Luft eingeführt, der
nach erfolgter Zündung die Luft ausdehnt und Arbeit verrichtet. Nach
einiger Zeit wird die Zuführung von Kohlenpulver unterbrochen und die
Expansion der Gase beginnt. Beim vierten Hub werden die Rückstände
bis auf den Teil, der im Kompressionsraume zurückbleibt, ausgestoßen
oder nach einem Verbundzylinder zur weiteren Expansionswirkung über-
geleitet. Der Verbrennungsraum ist also bei diesen Maschinen mit dem
Arbeitszylinder vereinigt.

Zur Entzündung des Kohlenstaubes ist unter gewöhnlichen Druck-
verhältnissen die durch die Kompression entstandene Erhitzung der Luft
nicht genügend. Aber auch selbst unter sehr günstigen Verhältnissen
kann die Entzündung ausbleiben. Es müßte daher eine ungewöhnlich
hohe Kompression verwendet werden. Nach Beobachtungen, die bei
Kohlenstaubexplosionen gemacht wurden, und nach Versuchen sind
zur Entzündung von Kohlenstaub Temperaturen weit über 1000° C
notwendig. Die Sicherstellung der Entzündungen unter allen Umständen
ist für das behandelte Arbeitsverfahren eine unumgängliche Voraus-
setzung. Zu diesem Zwecke wird bei der vorliegenden Einrichtung der
Kohlenstaub in glühendem Zustande eingeführt.

Der glühende Kohlenstaub ist bereits durch alle der Verbrennung
vorausgehende Vorbereitungsstufen, zu deren Durchführung sehr erhebliche Wärmemengen notwendig sind, gegangen, nämlich die Verdampfung des hygroskopischen und des chemisch gebundenen Wassers,
sowie die Vergasung der verschiedenen schweren und leichten Kohlenwasserstoffe, des Teeres und Ammoniaks, zu deren Entbindung und Ver-
flüchtigung nach den thermochemischen Gesetzen einige tausend Kalorien
nötig sind. Nach dieser sehr vollkommenen Vorbereitung ist die glühende
Kohle sehr geeignet, beim Zusammentreffen mit heißer komprimierter
Luft eine vollkommene Verbrennung des Kohlenstoffes zu Kohlensäure zu
ermöglichen, wie sie auf anderem Wege nur sehr schwer zu erzielen ist.

Durch die Vergasung der Kohlen und ihrer Überführung in möglichst
reinen Kohlenstoff ist es möglich, für den vorliegenden Zweck Kohlen mit
geringem Aschengehalte zu verwenden, die sonst für ihn sehr wenig geeignet wären, wie z. B. Braunkohlen. Selbst solche, die bei ihrer Erwärmung in kleine Stücke zerfallen, eignen sich hierfür. Die Backfähigkeit
der Kohlen wird durch diese Vorbereitung sehr vermindert, ja meistens
gänzlich aufgehoben. Die Schwerentzündlichkeit des Koks wird durch
das Aufgeben in glühendem Zustande aufgehoben.

Die Staubkohle wird in einem Generator nach Art der Sefström-
schen Öfen mit schwachem Unterwinde auf die gewünschte Glühhitze

gebracht und aus diesem nach Bedarf in den Vorratsraum der Aufgebevorrichtung übergeführt.

Die Einbringung der glühenden Kohle ist nach Abb. 15 infolge der
nötigen Abdichtung der Aufgebevorrichtung nicht ohne erhebliche
Schwierigkeit. Die glühende Kohle wird in den Fülltrichter F eingebracht
und gelangt durch die Öffnung V in den Vorratsraum R, unter dessen
Boden sich eine Schieberplatte S hin
und her bewegt. In dem Schlitze T wird
eine abgemessene Menge Kohle aufgenommen, die die Schieberplatte S nach
der Öffnung C befördert. Die über-
schüssige Kohle wird beim Rückgange
wieder zugeführt. Von O gelangt die
Kohle auf die erste Speisewalze W, von
da durch ihre Drehung in den Arbeitszylinder X. Die Zahl der aufeinander-
folgenden Zubringer und Speisewalzen,
die durch Getriebe A B miteinander
verkuppelt sind, kann je nach Bedarf
vermehrt oder vermindert werden, um
die Abdichtung der Speisevorrichtung
vollkommen zu bewerkstelligen. Die
Zubringung des glühenden Kohlenstaubes kann statt von oben auch von
der Seite erfolgen, indem man den
Zuführungsschlitz seitlich anbringt.

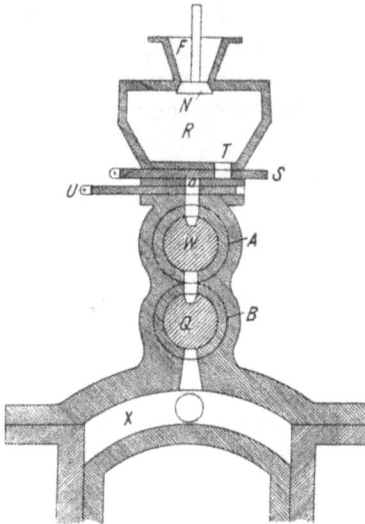

Abb. 15. Zechmeister 82 675.

Auf die durch Drehung der Speisewalze zugeführte
glühende Kohle stößt die komprimierte Luft und zerstäubt
sie. Vergleicht man nun das Volumen der Luft mit dem Volumen der
Kohle, so kann das Verhältnis beider beispielsweise bei der Verwendung
von Koks und Luftmenge von atmosphärischer Spannung wie 9000:1,
bei 10 at Spannung der Luft wie 900:1, bei fünffacher Luftmenge hingegen wie 4500:1 sein. Es wird daher der Sauerstoff der zunächst am
Einfalltrichter befindlichen Luft rasch verzehrt sein, der übrige Kohlenstaub gelangt zu weiteren Luftschichten, bis endlich die ganze Masse
verzehrt ist. Hier ist vorausgesetzt, daß die gesamte Menge für eine
einmalige Füllung auf einmal abgegeben wird. Bei allmählicher
Zuführung ist der Vorgang ein ähnlicher. Die Verbrennung wird
dann eine ganz allmähliche sein. Die Menge des jedesmal ange-
wendeten Kohlenstaubes richtet sich nach der beabsichtigten Arbeits-
art. Soll die Expansionsarbeit der heißen Luft nur in dem einen
Arbeitszylinder erfolgen, so nimmt man nur so viel Kohle, daß die
Verbrennung bereits nach der Zurücklegung eines Bruchteiles des
Kolbenhubes vollkommen beendet ist und noch hinreichend Raum

für die Expansionswirkung übrigbleibt, ähnlich wie bei den Dampf-
maschinen.

Die Regulierung der Maschine erfolgt in bekannter Weise mittelst
Regulators und Steuerung. Sobald eine gewisse Geschwindigkeit überschritten wird, unterbleibt die Einführung von Kohlenstaub. Statt einer
einfachen Maschine kann man deren zwei zu abwechselnder Arbeitsleistung verkuppeln.

Um ein Verbundsystem und eine bessere Ausnutzung der Expansion
zu erhalten, nimmt man noch einen dritten Zylinder hinzu, der gleichfalls
einfach wirkend ist und dessen Kurbel um 180° zu den Kurbeln der zwei
Zylinder A und B verstellt ist. Die drei Arbeitszylinder seien mit A,
B und C bezeichnet.

1. Erster Hingang: A saugt Luft an, bei B fällt im Totpunkte der
glühende Kohlenstaub in die komprimierte Luft, und das ent-
zündete Gemisch schiebt sodann den Kolben vor sich her, gleichzeitig stößt C die Abgase aus.

2. Erster Rückgang: A verdichtet die angesaugte Luft, B stößt
die Abgase nach C, wo dieselben arbeitsleistend weiter expandieren.

3. Zweiter Hingang: Bei A findet im Totpunkte die Kohlenstaubeinführung in die komprimierte Luft statt mit der darauf folgenden
Arbeitsleistung, bei B Ansaugung von frischer Luft, bei C Aus-
stoßung der Abgase.

4. Zweiter Rückgang: A stößt die Verbrennungsgase nach C, wo dieselben expandieren, B komprimiert wieder die angesaugte Luft.

In den Arbeitsperioden 1 und 3 findet also Verbrennung und Hoch-
druckwirkung, in den Arbeitsperioden 2 und 4 dagegen Niederdruck-
wirkung im Verbundzylinder statt. Bei jeder Hin- und Herbewegung
wird also Arbeit geleistet, und ein Leergang findet nicht statt, wenn nicht
ein solcher durch Abstellung der Kohlenstaubeinführung veranlaßt wird.

Die vorstehende Zusammenstellung gibt somit eine Maschine, die
sehr leicht in Gang zu setzen ist und mit großer Gleichmäßigkeit arbeiten
wird.

Bei Verwendung von Druckluft fällt die Ansaugung und Kompression
der Luft weg. Es ergibt sich dann bei einer einfach wirkenden Maschine
die folgende Arbeitsweise:

1. Hingang: Einströmung der Druckluft mit gleichzeitiger Einführung von glühendem Kohlenpulver.

2. Rückgang: Ausstoßen der Verbrennungsprodukte ins Freie oder
nach einem Verbundzylinder.

Bei Verwendung von zwei Arbeitszylindern wird der angeschlossene
Verbundzylinder doppelt wirkend hergestellt.

2*

Bei der Verwendung einer rotierenden Maschine gestaltet sich der Vorgang in folgender Weise: Der Eintritt von Druckluft mit gleichzeitiger Einführung von Kohlenstaub findet von der einen Seite aus statt, das Ausstoßen der Verbrennungsprodukte nach der anderen Seite hin. Die Einführung des glühenden Kohlenstaubes erfolgt wieder stoßweise, in der durch den Regulator bestimmten Weise je nach Bedarf der Arbeitsleistung.

Durch die Einführung des Kohlenstaubes in glühendem Zustande wird noch folgendes erreicht:

1. Der Kohlenstaub wird in einer Zusammensetzung und gleichzeitig in einem Zustande eingeführt, der die Übergangsstufen, die einer Verbrennung vorausgehen, bereits überschritten hat.
2. Der Kohlenstaub ist in glühendem Zustande nicht allein ein Träger von Wärme, sondern eine Wärmequelle infolge der an der Oberfläche langsam vor sich gehenden Verbrennung; er ist nämlich ein brennender Körper, nicht ein bloß erhitzter.
3. Die Entzündung des Gemisches ist auf diese Weise selbst unter ungünstigen Verhältnissen sichergestellt.
4. Es lassen sich Kohlen verwenden, die andernfalls nicht brauchbar wären.
5. Die Anwendung von sehr hohen Kompressionen, die mit großen Reibungsverlusten verbunden sind, kann dadurch vermieden werden.

Die Patent-Ansprüche lauten:

1. Bei Verbrennungskraftmaschinen der durch Patent Nr. 67207 geschützten Art das Aufgeben von Kohlenstaub in glühendem Zustande aus einem über oder neben dem Arbeitszylinder befindlichen Sammelraum in den Arbeitszylinder, in welchem vorher Luft komprimiert wurde.
2. Zum Aufgeben von glühendem Kohlenstaub bei den unter 1 gekennzeichneten Maschinen die Verwendung einer Aufgebevorrichtung, bestehend aus einer Kombination von zwei oder mehr Schieberplatten mit zwei oder mehr Walzenzubringern mit Spurrillen.

Pinther.

Felix Pinther in Wilmersdorf bei Berlin hat eine Viertakt-Kohlenstaub-Kraftmaschine unter Nr. 85157 vom 15.1.1895 geschützt erhalten.

Die Erfindung bezweckt, an Stelle des gasförmigen staubförmiges Brennmaterial zum Betriebe einer Kraftmaschine verwenden zu können.

Die Kompression der mit dem Brennmaterial zur Verbrennung gelangenden Luft soll hierbei nur so weit getrieben werden, daß die Entzündungstemperatur des Brennmaterials »nicht« erreicht wird, vielmehr soll die Entzündung des Brennmaterial-Luftgemisches auf besondere Weise erfolgen.

Die Maschine ist ganz nach dem System der Viertakt-Gas- und Petroleummaschinen gedacht, nur daß zu ihrem Betriebe »staubförmiges Brennmaterial« verwendet wird.

Die Bestandteile der Maschine sind im wesentlichen folgende:

1. der Arbeitszylinder A_1,
2. der Arbeitskolben A_2,
3. die Luftleitung B,
4. der Kompressionsraum C,
5. die Speisewalzen e und f,
6. die Mischkammer c_2,
7. der Zünder c_1,
8. die Auspuffleitung D.

Die Speisewalzen e und f (Abb. 17) sind mit Fächern e_1 bis e_4 und f_1 bis f_4 versehen und so ausgebildet, daß in diesem Falle eine Vierteldrehung genügt, zwei Fächer, z. B. e_1 und f_1, voll Staub zu fördern.

Es läßt sich hierbei, indem man den Walzen »mehrere«, aber nur »kleine« Fächer gibt, sehr leicht die Zufuhr der für die zu leistende Kraft nötigen Menge Brennmaterial regeln, während, falls nur »eine« Walze

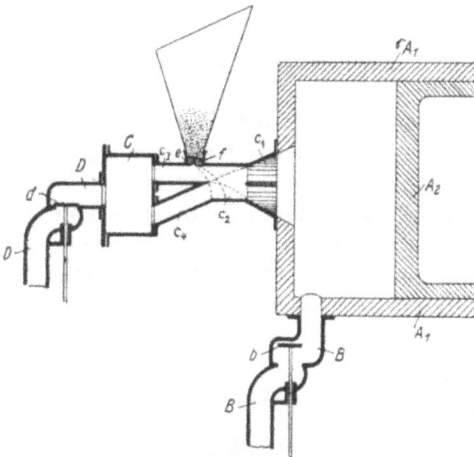

Abb. 16. Pinther D.R.P. Nr. 85157.

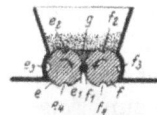

Abb. 17.
Pinther D.R.P. Nr. 85157.

angewendet wird, die mit nur »einem« Fache versehen ist, bei jedem Krafthube nur dieselbe Menge Brennmaterial gefördert werden könnte.

Zur Erzielung einer gleichmäßigen Füllung der einzelnen Fächer ist zwischen den Walzen $e\,f$ der Abstreicher g angebracht.

Die Vorrichtung zum Mischen des staubförmigen Brennmaterials mit der Verbrennungsluft, die Mischkammer (Abb. 16) besteht aus dem Raum c_2, in den zwei schräg zueinander gestellte Rohre c_3 und c_4 einmünden. Die Zuführung des Brennmaterials erfolgt in c_3. In der Kammer c_2 treffen der Kohlenstaubluftstrom aus c_3 und der Luftstrom aus c_4

heftig aufeinander und bilden hierdurch ein »vollkommen inniges« Gemisch.

Der Zünder c_1, Abb. 18, wird von zwei sich kreuzenden Wänden gebildet, an denen sich, nachdem sie in glühenden Zustand versetzt wurden, das diese Wände bestreichende Kohlenstaub-Luftgemisch entzündet.

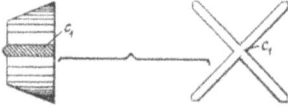

Abb. 18. Pinther D.R.P. Nr. 85 157.

Die Arbeitsweise der in Abb. 16 dargestellten Maschine, die im Viertakt arbeitet, ist folgende:

»Erster Hub — Saugehub — saugt die zur Verbrennung notwendige Luftmenge an vermittelst des Kolbens A_2, der Luftleitung B und des Einlaßventiles b.

»Zweiter Hub« — Kompressionshub — drückt sowohl die im Zylinder A_1 befindlichen, vom letzten Hube des vorgehenden Kolbenspieles zurückgebliebenen Verbrennungsgase, wie das frisch angesaugte Luftquantum durch die beiden Schenkel c_3 und c_4 der Mischkammer c_2 in den getrennt vom Zylinder A_1 liegenden Kompressionsraum C und komprimiert daselbst, »ohne« jedoch die Entzündungstemperatur des Brennmaterials zu erreichen.

»Dritter Hub« — Krafthub —. Die im Kompressionsraum C und in der Mischkammer c_2 herrschende Luftspannung, sowie die im Schwungrade der Maschine gesammelte Kraft wird jetzt den Kolben A_2 vorwärts bewegen, zugleich wird vermittelst einer geeigneten Steuerung den beiden in Abb. 17 dargestellten Speisewalzen e und f eine solche vom Regulator der Maschine beeinflußte Drehung gegeben, daß die für einen Hub und die zu leistende Kraft nötige Menge Brennmaterial in den c_3 passierenden Luftstrom gefördert wird. Von diesem letzteren mitgerissen, wird der Staub, indem er mit dem zweiten c_4 passierenden Luftstrome zusammengeführt wird, in der Kammer c_2 auf das innigste gemischt. Das entstandene Gemisch streicht nun über die Wände des Brenners c_1 hinweg und entzündet sich hierbei, so daß jetzt im Zylinder A_1 die eigentliche Kraftwirkung zum Ausdruck kommen kann.

»Vierter Hub« — Auslaßhub —. Das Ventil d wird von der Steuerung geöffnet und die Verbrennungsgase können durch c_2, c_3 und c_4 sowie durch den Kompressionsraum C vermittelst der Auspuffleitung D abziehen.

Die Patent-Ansprüche lauten:

1. Viertakt-Kohlenstaub-Kraftmaschine, dadurch gekennzeichnet, daß beim Kompressionshub die Luft allein so komprimiert wird, daß die Entzündungstemperatur des Kohlenstaubes nicht erreicht wird, während erst beim Arbeitshub der Kohlenstaub vom Luftstrom mitgerissen wird, zum Zweck, eine höhere Kompression als bei den bisherigen Feuerluftmaschinen zu erreichen und höhere

Verbrennungstemperaturen durch einen beliebigen Luftüberschuß zu vermeiden.

2. Kohlenstaub-Kraftmaschine nach Anspruch 1, bei welcher der vom Arbeitszylinder A_1 getrennt liegende Luftkompressionsraum C mit diesem durch die in bestimmter Winkelrichtung aufeinanderstoßenden Rohre $c_3 \cdot c_4$ verbunden ist, wobei die Zuführung des Brennstoffes mittels zweier mit mehreren kleinen Fächern e_1 bis e_4 und f_1 bis f_4 versehenen Speisewalzen e und f stattfindet, wobei die Entzündung des Gemisches auf beliebige Weise erfolgen kann.

Wachtel und Stoltz.

Wachtel und Stoltz haben bei ihrem Arbeitsverfahren für Verbrennungskraftmaschinen, D.R.P. Nr. 119819 vom 4. 11. 1897, Zusatz zum Patente 108586 vom 4. 11. 1897 (114102, 116601) sich mit der Frage der Verwendung von Kohlenstaub befaßt. Es heißt dort:

Bei dem Arbeitsverfahren für Verbrennungskraftmaschinen des Patentes 108586 wird der Arbeitszylinder mit gepreßter Luft beschickt und in die Füllung des Arbeitszylinders gasförmiger Brennstoff gepreßt, nachdem dieser außerhalb des Arbeitszylinders bis über die Verbrennungstemperatur verdichtet ist.

Dieses Verfahren ist auch zur Benutzung von Kohlenstaub oder pulverförmigen Brennstoff geeignet, und zwar geschieht dieses in der Weise, daß der pulverförmige Brennstoff von der bis über die Verbrennungstemperatur verdichteten Gas- oder Luftmenge mit in den Arbeitsraum geführt wird.

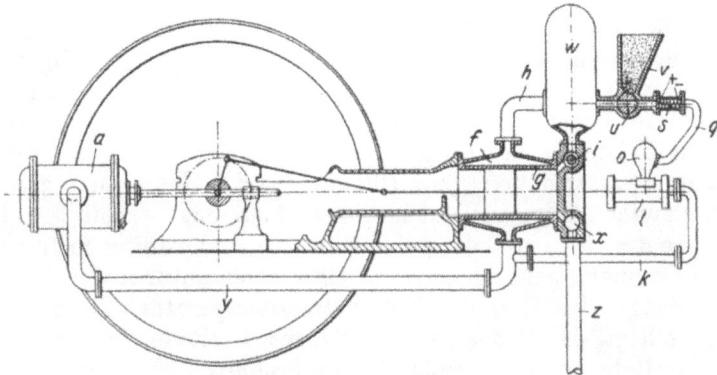

Abb. 18a. Wachtel und Stoltz 119819.

Die Abb. 18a veranschaulicht eine für diesen Zweck eingerichtete Maschine, die im wesentlichen der Maschine des Patentes 108586 entspricht. Der Preßluftbehälter ist weggelassen. Die Preßluft gelangt von der Pumpe a unmittelbar durch den Mantel f behufs Erwärmung des

24

expandierenden Arbeitsgemisches, ferner durch die Leitung *h* nach dem Druckkessel *w* und von dort aus mittels des Ventiles *i* in den Zylinder *g*. Der gepulverte Brennstoff befindet sich vor dem Druckkessel *w* in dem Behälter *v*. Der letztere hat unten einen in die Leitung *q* eingeschalteten, gesteuerten Hahn *u*, der abwechselnd eine bestimmte Menge des pulverförmigen Brennstoffes aufnimmt, die von dem Preßluftstrome der Pumpe *l* mitgerissen und durch Druckkessel *w* und Ventil *i* in den Zylinder *g* eingeführt wird. Der Pumpe *l* wird von der Preßluftleitung *y* mittels der Leitung *k* die nötige Luftmenge zugeführt. Durch einen seitlichen Schlitz im Küken des Hahnes *u* kann bewirkt werden, daß die Preßluftleitung *q* schon vor horizontaler Stellung der Kükenbohrung mit dieser in Verbindung tritt und das Kohlenpulver vorerhitzt.

Die eintretende, bis über Entzündungstemperatur des Kohlenstaubes erhitzte Preßluft verbindet sich mit einem geringen Teil des in der Zuführungsvorrichtung enthaltenen pulverförmigen Brennstoffes. Durch die Verbrennung wird die Temperatur des pulverförmigen Brennstoffes mehr erhöht als dies durch adiabatische Verdichtung möglich sein würde. Eine vorzeitige Verbrennung des Brennstoffes kann nicht eintreten, da nach dem Verbrauch der kleinen in den Hahn *u* eingetretenen heißen Luft durch die gebildeten Verbrennungsgase ein Nachfließen frischer Verbrennungsluft so lange verhindert wird, bis der Hahn *u* so weit gedreht ist, daß die Verbindung nach dem Luftkessel *w* frei und der erhitzte Brennstoff in diesen Kessel getrieben wird. Erst im Kessel *w* verbrennt die Hauptmenge des über Entzündungstemperatur erhitzten Brennstoffes in der kalten Verbrennungsluft, die durch Leitung *h* dem Druckkessel *w* zugeführt wird.

Bei Benutzung von Gas zur Erhitzung des pulverförmigen Brennstoffes bis über die Entzündungstemperatur steht nur die Eigenwärme des Gases zur Verfügung; das Gas muß daher, da es ja nur einen gewissen Bruchteil des Brennstoffgewichtes ausmacht, sehr hoch erhitzt werden. In diesem Falle ist zum Ersatz der bei Benutzung von Luft verfügbaren Verbrennungswärme die weitere Überhitzung des Gases durch eine Heizspirale *s* zweckmäßig; auch ist in diesem Falle das Verhältnis zwischen der Menge des Gases und des pulverförmigen Brennstoffes so zu wählen, daß das Brennstoffgemisch noch mit einer Temperatur in den Druckkessel *w* gelangt, die über der Entzündungstemperatur des Brennstoffgemisches liegt, damit das Brennstoffgemisch mit der in den Kessel *w* durch das Rohr *h* einströmenden kalten Preßluft verbrennen kann.

Die Patent-Ansprüche lauten:

Arbeitsverfahren für Verbrennungskraftmaschinen nach Art des Patentes 108586, dadurch gekennzeichnet, daß die für jeden Arbeitshub erforderliche, aus einem Gemisch von Gas oder Luft mit gepulvertem Brennstoff bestehende Brennstoffmenge in eine Verbrennungskammer *w* gepreßt wird, wobei der pulverförmige Teil des Gemisches erst nach der Verdichtung und dadurch bis über die Entzündungstemperatur des Kohlenstaubes bewirkter Erhitzung des gasförmigen Teiles des Gemisches von diesem aufgenommen wird.

Über das D.R.P. Nr. 118857 der M.A.N. und Fried. Krupp A.-G. ist nichts Interessantes zu sagen.

Worgitzky.

Worgitzky hat auf eine Abänderung der Bauart MacCallum, brit. Patente Nr. 816 A.D. 1891 und Nr. 17549 A.D. 1894 das D.R.P. Nr. 107951 vom 18. 2. 99 erhalten. Es lautet:

Die Maschine arbeitet im Zwei- oder Viertakt. Als Brennmaterial dienen flüssige und staubförmige Brennstoffe, insbesondere Kohlenstaub. Damit der Arbeitskolben *a*, dessen selbstspannende Ringe *b* die Dichtung bilden, sowie die Zylinderwand nicht durch feste Verbrennungsrückstände: Asche, Ruß usw. ausgeschliffen und zerkratzt werden, ist zwischen den Kolben und die Arbeitsgase eine Wassersäule eingeschaltet, die an der Kolbenbewegung teilnimmt und den Druck der Arbeitsgase auf den Kolben *a* überträgt und gleichzeitig die festen Verbrennungsrückstände aufnimmt. Damit nun das Wasser bei der raschen Kolbenbewegung nicht umhergeschleudert und mit den Arbeitsgasen gemischt wird, wodurch die Zündung vermindert werden könnte und andererseits die bei der Verbrennung erzielte Wärme größtenteils an das Wasser abgegeben werden würde, anstatt in Arbeit umgesetzt zu werden, ist es oben durch eine mit dem

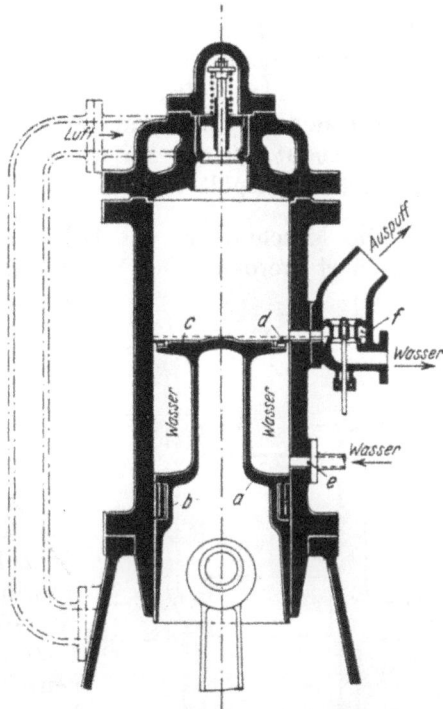

Abb. 19. Worgitzky 107951.

Kolben *a*, Abb. 19, festverbundene Scheibe *c* abgegrenzt, jedoch so, daß das Wasser noch zwischen dem Rande dieser Scheibe und der Zylinderwand in den Arbeitsraum eintreten und die Scheibe in dünner Schicht bedecken kann, also die sich niederschlagenden Verbrennungsrückstände noch aufnimmt.

Damit ferner auch die an der Zylinderwand sich festbrennenden Rückstände vom Wasser aufgenommen werden können, ist über der Scheibe c noch ein kreisringförmiges Messer d angebracht, das die Verbrennungsrückstände von der Zylinderwand abschabt, so daß der zum Durchtritt des Wassers nötige Spielraum zwischen der Zylinderwand und der Scheibe c immer offen bleibt. Damit das Wasser nicht allmählich verdampft und sich zu stark mit Verbrennungsrückständen sättigt, wird bei jedem Hube in der tiefsten Kolbenstellung etwas neues Wasser durch e eingepreßt, wobei die gleiche Menge verunreinigtes Wasser durch das Auslaßventil f abläuft.

Der Patent-Anspruch lautet:

Verbrennungskraftmaschine, bei welcher der Druck der Arbeitsgase durch eine Wassersäule auf den Kolben übertragen wird, dadurch gekennzeichnet, daß diese Wassersäule oben durch eine mit dem Arbeitskolben fest verbundene Scheibe abgegrenzt wird, welche mit geringem, den Durchtritt des Wassers gestattenden Spielraum im Zylinder läuft und oben ein kreisringförmiges Messer trägt, das die an der Zylinderwand sich absetzenden Verbrennungsrückstände abschabt, welche bei der fortgesetzten Erneuerung des Wassers mit fortgespült werden.

Die Maschine ist ebenfalls wie die von MacCallum und Diesel ausgeführt worden. Die Versuchsmaschine ist von Hugo Güldner in seinem Werke: »Entwerfen und Berechnen von Verbrennungskraftmaschinen« 1903, S. 144 und 145 ausführlich beschrieben.

Höflinger.

Auch Höflinger, einer der älteren Verfechter des VorkammerDieselmotors mit und ohne Hilfskolben, hat sich mit dem Gedanken einer Kohlenstaub - Dieselmaschine befaßt. Seine Vorkammer mit Hilfskolben, D.R.P. Nr. 128187 vom 23. 10. 1900, Abb. 20, kann als Vorbild für eine neuzeitige Kohlenstaub - Dieselmaschine benutzt werden, da sie bei Vorkammermaschinen durch schnelles Zurückziehen des Hilfskolbens es ermöglicht in der Vorkammer Unterdruck zu erzeugen, also den

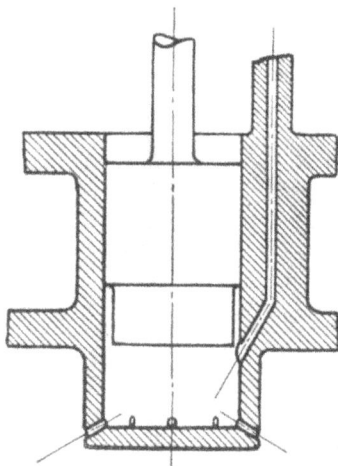

Abb. 20. Höflinger 128187.

Kohlenstaub zusammen mit Luft anzusaugen. Es ist dies eine gute Ladeanordnung, da dann weitere gesteuerte Maschinenteile als Hilfskolben und zwei Kolbenstaub-Luft-Emulsions-Einlaßventile nicht gebraucht werden. Natürlich kann man dabei auch das Verbindungsloch zwischen Vorkammer und eigentlichem Brennraume steuern durch einen wasser- oder ölgekühlten Ringklotz oder Ventil etwa nach dem Vorbilde der in dem D.R.P. Nr. 344085 (Bielefeld) vom

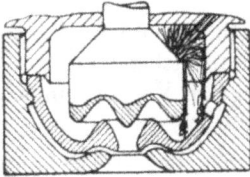

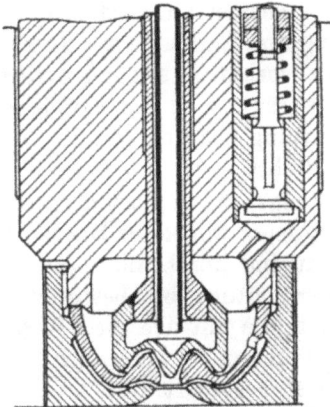

Abb. 21, 22. Bielefeld 344085.

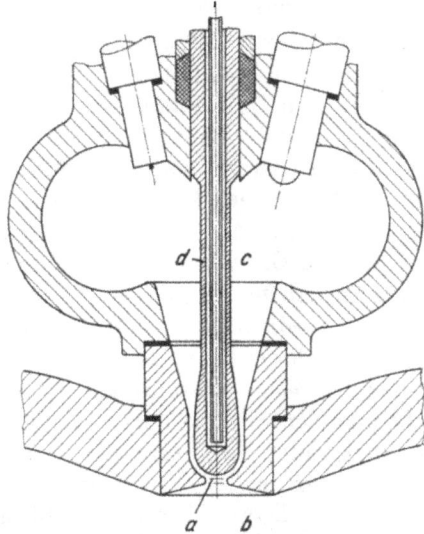

Abb. 23. Bielefeld, Neukonstruktion.

1.7.1919, Abb. 21 und 22 gegebenen Bauart. Abb. 23 zeigt die neuzeitigere Ausführung einer derartigen Bauart. Hier ist der in das Verbindungsloch greifende Teil des das Verbindungsloch steuernden Ventils stromlinienförmig ausgebildet, so daß unnötige Verluste durch Wirbelung vermieden werden. Man kann natürlich auch die einstellbare Düse der A.E.G. Berlin, D.R.P. Nr. 257719, Abb. 24, als Vorbild nehmen. Man kann nämlich zum Laden der Vorkammer entweder das Verbindungsloch zwischen ihr und dem eigentlichen Brennraume ganz schließen oder nur drosseln.

Vogt und von Recklinghausen.

Vogt und von Recklinghausen beschäftigen sich in zwei deutschen Patenten, Nr. 137832 vom 18. 12. 1900 und Nr. 141815

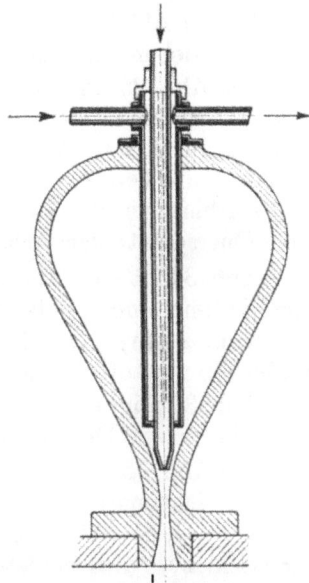

Abb. 24. A.E.G. 257719.

vom 20. 11. 1900 mit Erfindungen an Kohlenstaubmotoren, die im folgenden wiedergegeben werden:

D.R.P. Nr. 137832: Der Gegenstand der Erfindung betrifft eine Explosionsmaschine, die mit gasförmigem, flüssigem und auch staubförmigem Brennstoff betrieben und bei der die Leistung durch Änderung der Füllung geregelt werden kann, wobei der Verdichtungsdruck unverändert erhalten bleibt.

Bei dieser Maschine liegen die offenen Enden des Arbeitszylinders in getrennten, mit Flüssigkeit gefüllten Räumen von denen jeder in unmittelbarer Verbindung mit einem darüber angeordneten Verdichtungs- bzw. Explosionsraum steht, der die Vorrichtung zum Einblasen von Brennstoff und von Druckluft, die gegebenenfalls vorhandene Zündvorrichtung sowie das Auspuff- und Ausblaseventil trägt. Die Arbeitsflüssigkeit und die Druckluft werden diesen Vorrichtungen durch von der Maschine getriebene Pumpen bzw. Gebläse zugeführt.

Die Verdichtungen und Explosionen erfolgen abwechselnd in den beiden durch die Flüssigkeit abgesperrten Räumen, wobei der Druck der gespannten Gase zunächst auf die Flüssigkeit und durch diese auf den Arbeitskolben wirkt. Zur Regelung der Verdichtung bei bestimmten Füllungsgraden dient eine Absperrvorrichtung, die mit den die Flüssigkeit aus den beiden Verdichtungsräumen abführenden Leitungen verbunden ist. Diese Absperrvorrichtung wird so gesteuert, daß bei Vergrößerung der Füllung eine entsprechende Menge Flüssigkeit aus den Verdichtungsräumen austritt.

In den Abb. 25 bis 41 ist eine solche doppeltwirkende, mit Kohlenstaub betriebene Explosionskraftmaschine dargestellt.

Die Abb. 25 und 26 zeigen dieselbe in Seitenansicht und Grundriß. Abb. 27 ist eine Oberansicht der Steuerungsteile und ein wagrechter Schnitt durch den Arbeitszylinder. Abb. 28 zeigt zum Teil in Oberansicht, zum Teil im wagrechten Schnitt die Steuerungen für die Auspuff- und Ausblaseventile. Die Abb. 29 und 30 stellen in senkrechtem Längen- und Querschnitt den Arbeitszylinder und die Explosionsräume dar.

Abb. 31 ist eine Ansicht eines der Explosionsräume mit der Brennstoff-Zuführ- und Einblasevorrichtung. Die Abb. 32 und 33 veranschaulichen in senkrechtem Längenschnitt und im wagrechten Schnitt die beiden Brennstoff-Zuführ- und Einblasevorrichtungen.

Abb. 34 zeigt eine dieser beiden Vorrichtungen in größerem Maßstabe in senkrechtem Querschnitt.

Die Abb. 35, 36 zeigen im Querschnitt und Längsschnitt eine Regelungsvorrichtung für die Brennstoff-Zuführ- und Einblasevorrichtungen. Die Abb. 37, 38 stellen eine zur Regelung der Verdichtung dienende, als Kreisschieber ausgebildete Absperrvorrichtung in senkrechtem und wagrechtem Schnitte dar. Die Abb. 39, 40 veranschaulichen die Anlaßsteuerung im, Quer- und Längsschnitt. Abb. 41 zeigt eine der Pumpen mit ihrer vom Regler beeinflußten Drosselung.

Die Maschine besteht (vgl. Abb. 25, 26 und 29) aus dem beiderseits offenen Zylinder *1*, in dem ein Kolben *2* sich hin und her bewegt, dessen Stange *3* einerseits in üblicher Weise mit der Schwungradwelle verbunden ist und andererseits mit ihrer Verlängerung das Gebläse *4* betreibt, das die Ausblaseluft liefert.

Der Zylinder *1* liegt in voneinander getrennten, mit Flüssigkeit beständig gefüllt erhaltenen Räumen *5, 5*, an die die als Explosionsräume dienenden, kegelstutzförmigen Türme *6, 6* anschließen. Die Flüssigkeit reicht in den Türmen bis etwa zur Niveaulinie *x—x* (Abb. 29) und bildet, in derselben Richtung wie der Kolben *2* sich bewegend, dessen Fortsetzung. Seitlich an den Türmen *6, 6* sind Gehäuse *7* angebracht, die durch die Rohrleitung *8* mit dem Gebläse *4* in Verbindung stehen und Ventile *9* (Abb. 28 und 30) enthalten, durch die die Gebläseluft zwecks Ausblasens der verbrannten Gase aus den Türmen *6* in diese letzteren eintritt.

In den Köpfen *10* der Türme sind die Auspuffventile *11* (Abb. 29 und 30) und die Brennstoffverteiler *12* untergebracht.

Seitlich von den Räumen *5* liegt der von der Steuerung einstellbare Steuerhahn *13* (Abb. 28, 30), der mit einem Ventil *14* versehen ist, das durch die Einstellung des Steuerhahns — durch die in die Räume *5* führenden Rohrleitungen *15* stets mit der Zylinderseite verbunden wird, auf der verdichtet wird.

Von der Kurbelwelle werden mittels eines Exzenters *16* die Pumpen *17, 17, 18, 18* und *19* (Abb. 26) betrieben, während die ebenso schnell wie die Kurbelwelle laufende Steuerwelle *20* den Regler *21* treibt.

Die Pumpen *17, 17* bzw. *19* dienen zur Lieferung von Druckluft; die beiden ersteren sind durch Leitungen *22* (Abb. 25, 29, 31, 33) mit den Einblasevorrichtungen verbunden, die Pumpe *19* steht durch die Leitung *23* (Abb. 26, 27, 38, 40) mit der Anlaßsteuerung bzw. mit den Türmen in Verbindung.

Die Pumpen *18, 18* sind zur Förderung von Flüssigkeit in den Zylinderraum bestimmt und stehen durch die Leitungen *24* (Abb. 26, 29 bis 31) mit je einer Zylinderseite in Verbindung.

Die Einblasevorrichtung jedes Turmes (Abb. 29 bis 34) besteht aus einem Kammerschieber *25* (Abb. 34), den beiden Hähnen *26, 27*, dem Kohlenstaubbehälter *28*, dem Mischraum *29* und dem Verteiler *12*. Der durch ruckweise Drehung des Kammerschiebers *25* in den Raum *29* beförderte Brennstoff wird durch die durch die Luftleitung *22* zugeführte, der Röhre *30* (Abb. 34) entströmende Druckluft aufgewirbelt und hierauf durch die durch die Düse *31* strömende Luft in den Explosionsraum geblasen. Die Einblasevorrichtung wird so gesteuert und vom Regler in der Weise beeinflußt, daß eine dem Füllungsgrade entsprechende Menge

Kohlenstaub erst nach Schluß des Auspuffventils *11* in den betreffenden Explosionsraum eingeblasen wird.

Die Füllung jedes Kammerschiebers *25* mit Brennstoff wird je nach dem erforderlichen Füllungsgrade der Maschine vom Regler verändert, der zu diesem Zwecke ein dünnes, mit Öffnungen versehenes Stahlband *32*, mittels über Rollen gelegter Seile *33* (Abb. 32) zwischen dem Kohlenstaubbehälter *28* und dem Kammerschieber derart verstellt, daß eine der Füllung entsprechende Brennstoffmenge in letzteren gelangen kann.

Jeder Kammerschieber erhält eine ruckweise Drehbewegung mittels eines dreiarmigen Hebels *34* (Abb. 31). Einer der Hebelarme wirkt auf das auf der Achse des Kammerschiebers sitzende Sternrad *35*, das durch die dem Druck einer Flachfeder ausgesetzte Stellschiene *36* stets in die richtige Lage mit Bezug auf diesen Hebelarm eingestellt wird; der zweite Arm des Hebels *34* ist an die Küken der Hähne *26, 27* angelenkt, von denen der erstere beim Öffnen zuerst die Röhre *30* (Abb. 34) und sodann die Düse *31* mit der Luftzuleitung *22* in Verbindung setzt, während der Hahn *27* das Gemisch von Luft und Kohlenstaub in den Verteiler *12* austreten läßt. Der dritte Arm des Hebels *34* ist durch eine Stange *37* und einen auf der Welle *38* lose drehbaren Winkelhebel *39* verbunden, der durch einen Daumen *40* bzw. *41* der Steuerwelle *20* gesteuert wird und durch die Zugfeder *42* mit dem dreiarmigen Hebel in die Ruhelage gebracht wird.

Beim Niedergang der Stange *37* wird der dreiarmige Hebel *34* so weit nach aufwärts gedreht, daß sein das Sternrad *35* steuernde Arm, bei gleichzeitiger geringer Verdrehung des Sternrades, über den von ihm erfaßten Zahn des Sternrades zu stehen kommt, worauf die Stellschiene *36* das Sternrad wieder in seine ursprüngliche oder Ruhestellung zurückdreht. Hat nun der Daumen *40* den Winkelhebel *39* verlassen, so bewegt sich infolge des Zuges der Feder *42* die Stange *37* nach unten, wobei durch den Druck des Armes von Hebel *34* auf den in seiner Bahn stehenden Zahn des Sternrades letzteres bzw. der Kammerschieber um eine Vierteldrehung ruckweise gedreht wird.

Das Auspuffventil *11* jedes Turmes wird von einem auf der Steuerwelle *20* sitzenden Exzenter *43* gesteuert und vom Regler in folgender Weise beeinflußt:

Die Exzenterstange *44* (Abb. 27, 28 und 30) ist mit zwei Hebeln *45* (Abb. 28) gelenkig verbunden, auf deren Welle der das Auspuffventil bewegende Hebel *46* lose drehbar sitzt, dessen anderes Ende von einer unter Federdruck stehenden, zwischen den Hebeln *45* drehbar gelagerten Nase *47* gestützt wird.

Auf der Welle der Hebel *45* sind beiderseits dieser Hebel *48* und *49* (Abb. 30) aufgekeilt, von denen der letztere einen Querstift *50* trägt, während der erstere durch eine Stange *51* und Hebel *52* mit der vom Regler bewegten Welle *53* verbunden ist.

Bei der Bewegung der Exzenterstange *44* nach oben wird die Drehachse der Nase *47* gehoben, wodurch diese den Hebel *46* dreht, der das Auspuffventil *11* öffnet. Nach einer durch die Reglerstellung bestimmten Zeit stößt das andere Ende der Nase *47* an den Querstift *50*, dreht sich infolgedessen und verläßt den Hebel *46*, so daß das Auspuffventil durch Federdruck sofort geschlossen werden kann. Je nach der Stellung des Stiftes *50* geschieht dies früher oder später, d. h. bei geringerer oder größerer Füllung, wobei der Beginn der Ventileröffnung immer zu derselben Zeit erfolgt.

Während das Auspuffventil offen ist, erfolgt das Ausblasen der verbrannten Gase, zu welchem Zwecke durch das Ventil *9* ein Luftstrom eingeblasen wird, der die verbrannten Gase verdrängt.

Das Öffnen des Ventils *9* geschieht, wie aus Abb. 30 ersichtlich, von der Steuerwelle *20*, die mit zwei Nasen *54, 55* (Abb. 28, 30, 37) versehen ist, von welchen je eine kurz vor Hubende den zugehörigen Winkelhebel *56* verschwenkt, der an der Stange seines Ventils *9* angreift und dieses öffnet, um aus dem Gebläse *4* Luft in den Explosionsraum einzulassen, bis nach Freigabe des Hebels *56* seitens der Nase der Steuerwelle durch Federdruck der Schluß des Ventils *9* erfolgt.

Um sofort nach Schluß der Auspuffventile die Brennstoff-Einblasevorrichtungen in Bewegung zu setzen, ist eine von der Steuerwelle *20* und vom Regler *21* beeinflußte Regelungsvorrichtung, Abb. 26, 27, 35 und 36 vorgesehen.

Sie besteht aus einem auf der Steuerwelle *20* befestigten Zahnrad *57*, in das die von dem Doppelhebel *58* getragenen Zahnräder *59* eingreifen, die mit Zahnrädern *60* fest verbunden sind, die mit dem Zahnkranz *61* in Eingriff stehen. Letzterer ist fest verbunden mit einem auf den Doppelhebel *58* lose drehbaren Gehäuse *62*, das mit einer Hülse *63* in fester Verbindung steht, an der die Auspuffventile steuernde Nasen *40* und *41* sowie das Schwungrad *64* angebracht sind. Außerhalb des Gehäuses liegt ein mit dem Doppelhebel *58* verbundener Hebel *65*, der mittels Stange *66* und Hebel *67* mit der vom Regler beeinflußten Welle *53* verbunden ist. Auf der Welle *38* sind die Winkelhebel *39* beweglich gelagert, von denen jeder einerseits mit der die bezügliche Einblasevorrichtung steuernden Stange *37* in Verbindung ist, andererseits in die Bahn einer der Nasen *40, 41* hineinragt.

Bei der Drehung der Steuerwelle *20* wird, da der Doppelhebel *58* vom Regler festgehalten wird, das Zahnräderwerk gedreht und hierbei die Hülse *63* samt den Nasen *40, 41* in Umdrehung versetzt.

Wenn nun durch den Regler die Welle *53* in der Pfeilrichtung (Abb. 35) gedreht wird, so wird sich auch der Hebel *65* in der angegebenen Pfeilrichtung bewegen, wodurch eine Rückwärtsbewegung der Nasen *40* und *41* um den doppelten Bewegungswinkel des Hebels *65* eintritt und die Nase *40* bzw. *41* demnach ihren Winkelhebel *39* später treffen wird, infolgedessen auch die Einblasung später erfolgt.

Der Steuerhahn *13* (Abb. 37, 38) besitzt in seinem Gehäuse vier Schlitze, von denen zwei gegenüberliegende durch je einen der Hohlräume besitzenden Gehäusedeckel des Schiebers in Verbindung stehen. Die Deckelhohlräume sind mit den Rohrleitungen *15* verbunden. Je nach der Schieberstellung kann das eine oder das andere Paar von Schlitzen geöffnet und die betreffende Seite des Arbeitszylinders mit dem Ventil *14* verbunden werden.

In Abb. 37 sind der links unten und der rechts oben stehende Kanal des Gehäuses durch den Schieber geöffnet, und es kann die rechts vom Kolben *2* im Raume *5* befindliche Flüssigkeit durch die (in Abb. 38 unten liegende) Rohrleitung *15*, durch den vorderen Gehäusedeckel, der diese Leitung durch einen in ihm angebrachten gegabelten Hohlraum (Abb. 30) mit den offen gehaltenen Kanälen des Gehäuses verbindet, durch diese mittels der Hahndurchgänge verbundenen Gehäusekanäle und das Ventil *14* nach der Leitung *126* abströmen. Dabei bleiben die beiden anderen Gehäusekanäle, die die Verbindung mit dem links vom Kolben *2* liegenden Raume *5* herstellen, durch den Steuerhahn *13* geschlossen.

Wird letzterer um ein geringes Maß gedreht, so werden die geschlossen gewesenen Kanäle geöffnet und die Flüssigkeit kann aus der (in Abb. 38 oben liegenden) Rohrleitung *15* durch den halbkreisförmigen, die beiden nunmehr offenen Gehäusekanäle verbindenden, in Abb. 37 punktiert angedeuteten Hohlraum des hinteren Gehäusedeckels in das Gehäuse und durch die Schieberdurchbrechungen und das Ventil *14* in die Leitung *126* abfließen. Die beiden anderen Gehäusekanäle sind während dieser Zeit durch den Kreisschieber abgeschlossen.

Die Bewegung des Schiebers erfolgt von den das Einlaßventil *9* steuernden Hebeln *56* bzw. durch die Nasen *54, 55* der Steuerwelle *20*. Zu diesem Zwecke stecken auf der Hahnwelle die beiden Kurbeln *68* (Abb. 38), die durch hohle Stangen *69* mit den Hebeln *56* verbunden sind. In den Stangen *69* sind die Stangen *70* so lange frei verschiebbar, bis Anschläge *71* dieser letzteren auf Anschläge *72* der Stangen *69* treffen. Wenn nun beispielsweise der hintere Hebel *56* verstellt wird, geht die zugehörige Stange *69* herab, da die Anschläge aneinanderliegen, und der Steuerhahn wird in solche Stellung gebracht, daß jene beiden Schlitze geöffnet werden, die die Verbindung zwischen dem Ventil *14* und der vorderen Zylinderseite herstellen. Die andere Stange *69* wird hierbei gehoben und die Anschläge dieser mit der in ihr sich führenden Stange *70* werden aneinander gebracht, so daß bei Bewegung des vorderen Hebels *56* der Hahn wieder in die gezeichnete Stellung gelangt. Auf der hinteren Zylinderseite beginnt alsdann die Verdichtung. Ist nun in dem Zylinder mehr Flüssigkeit vorhanden, als für den gewünschten Verdichtungsgrad erforderlich ist,

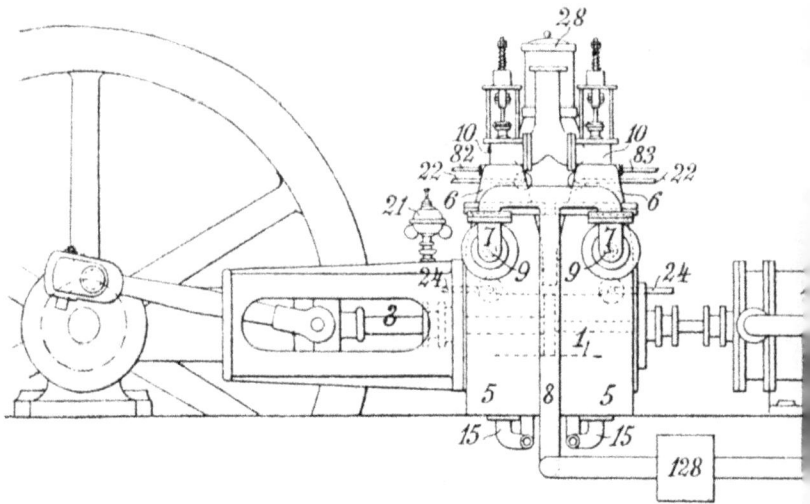

Abb. 25.

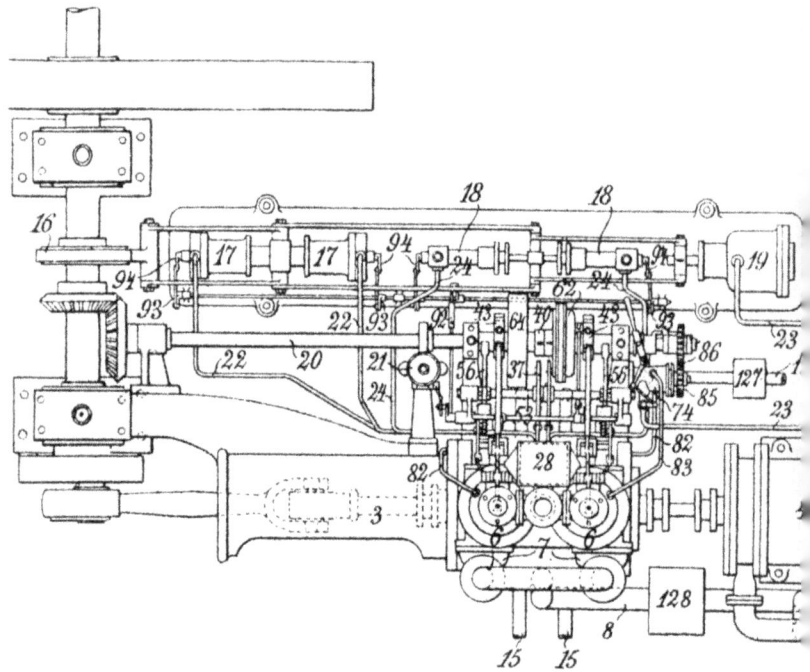

Abb. 26.

Abb. 25—28. Vogt

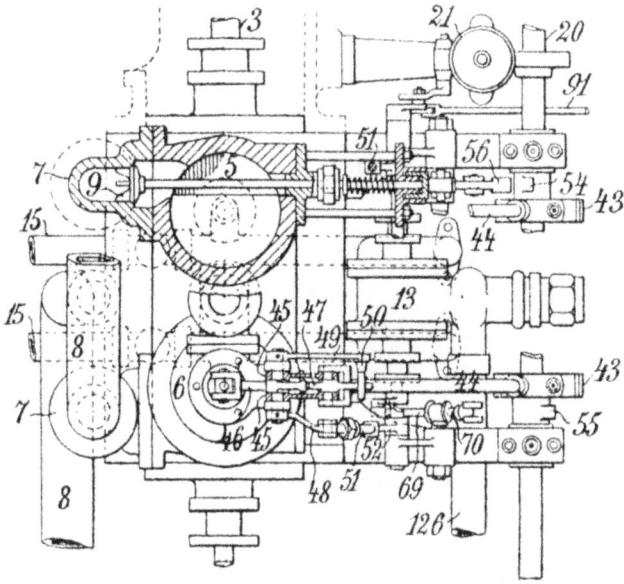

Abb. 27.

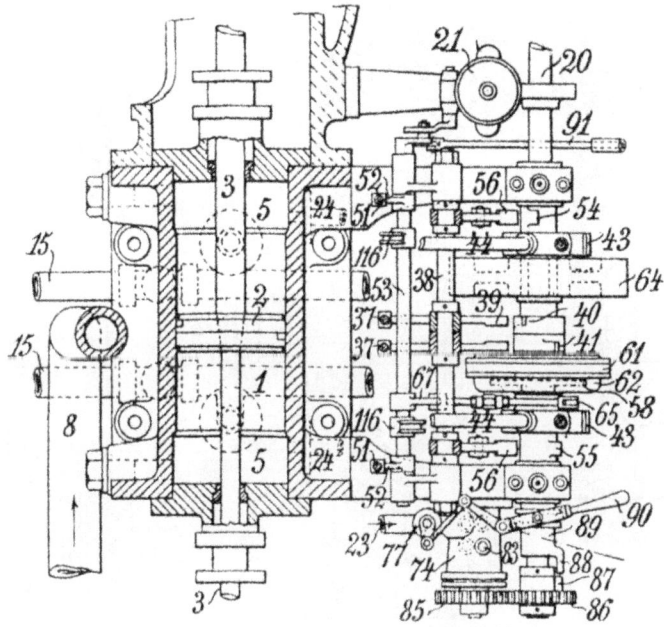

Abb. 28.

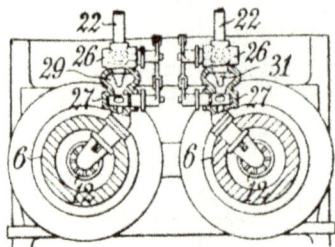

Abb. 33.

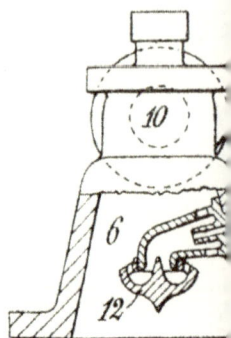

Abb.

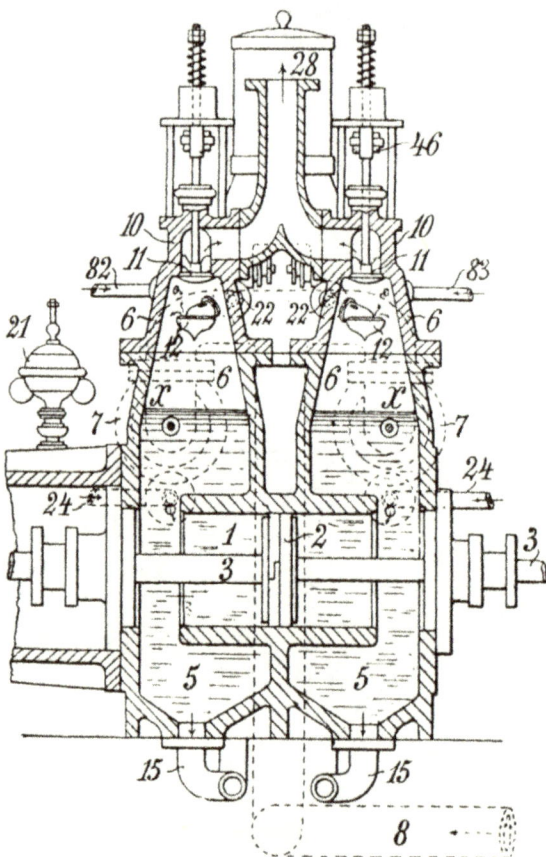

Abb. 29.

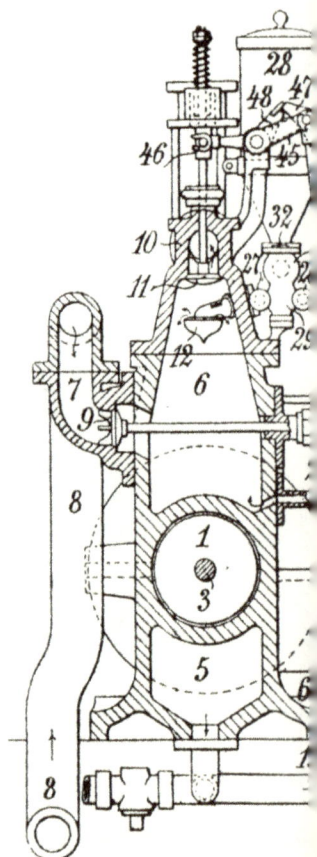

Abb.

Abb. 29—34. Vogt und

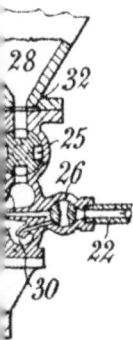

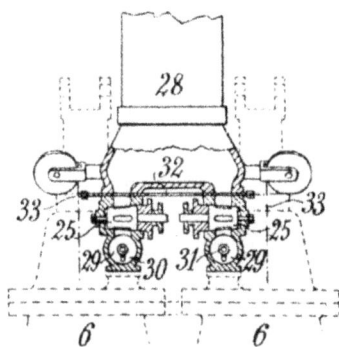

Abb. 32.

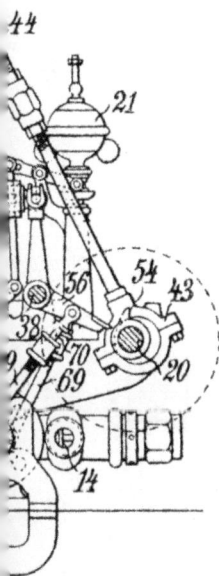

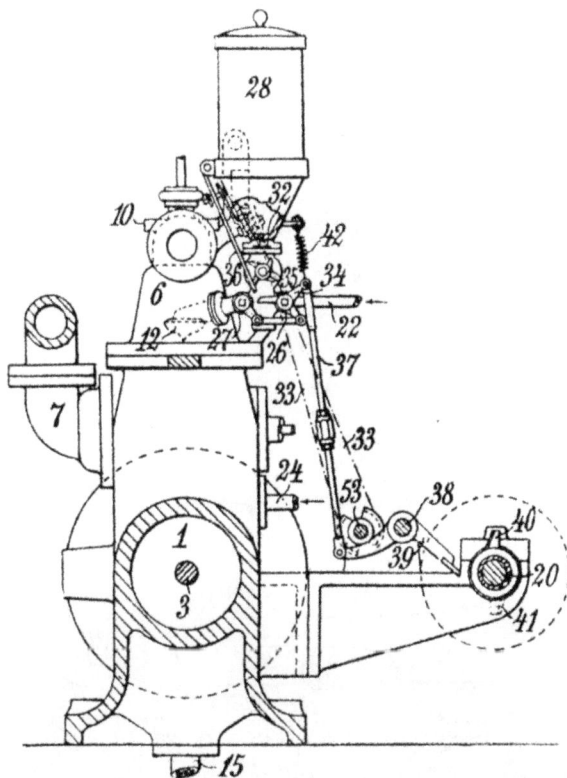

Abb. 31.

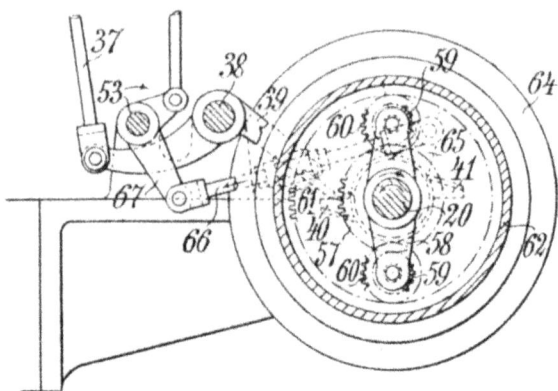

Abb. 35.

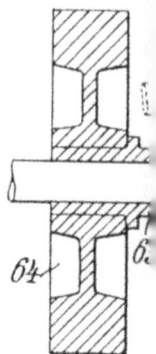

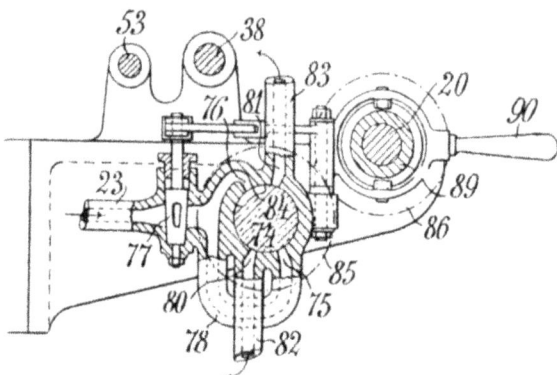

Abb. 39.

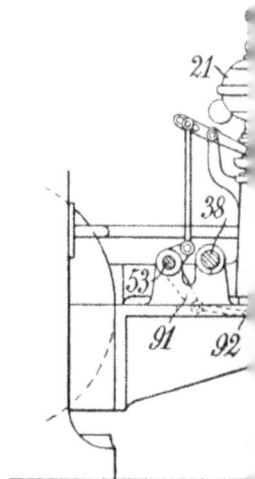

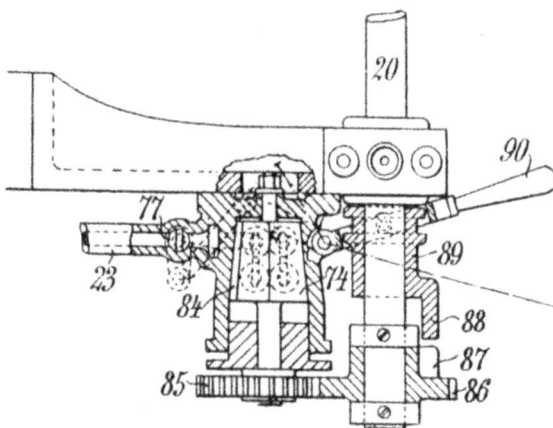

Abb. 40.

Abb. 35—41. Vogt ɪ

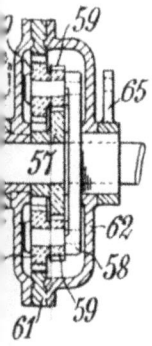

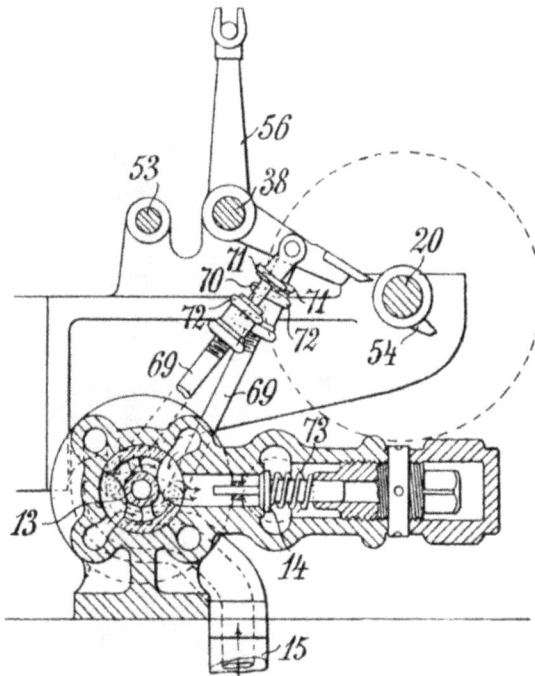

Abb. 37.

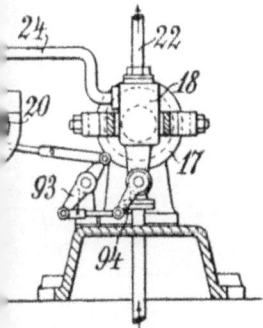

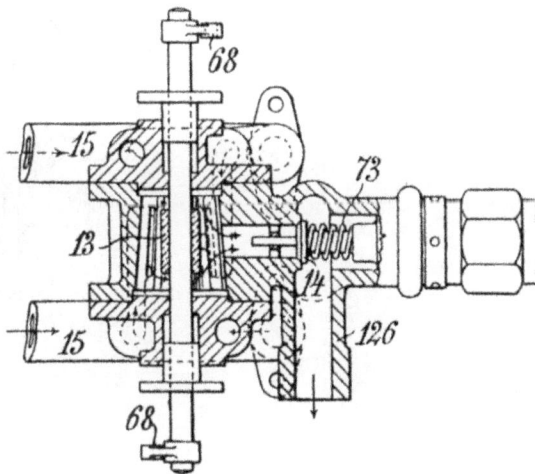

Abb. 38.

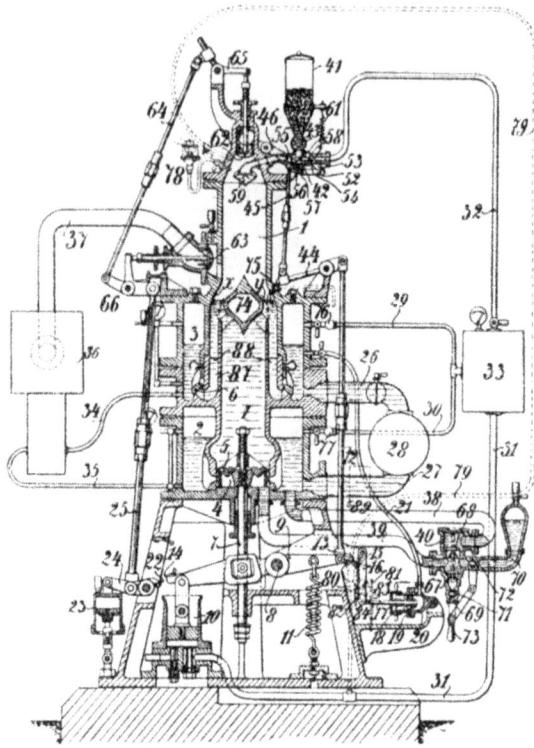

Abb. 42.

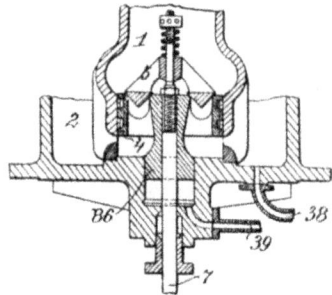

Abb. 44.

Abb. 42—48. Vogt

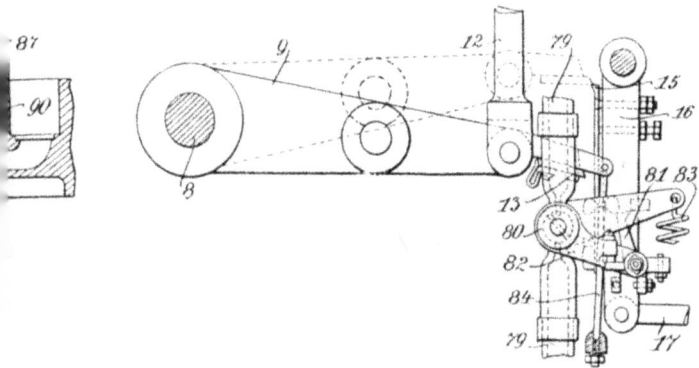

Abb. 43.

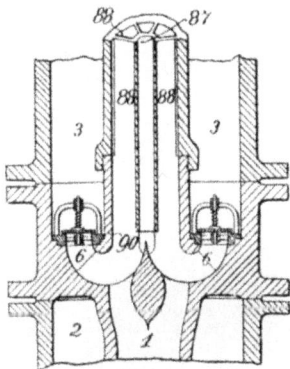

Abb. 46.

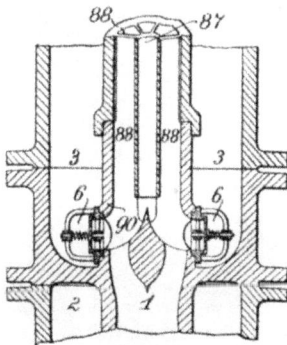

Abb. 47.

so wird, sobald der Verdichtungsdruck den Druck der Feder *73* des Ventils *14* überwindet, Flüssigkeit durch dieses Ventil so lange entweichen, bis kurz vor dem Hubende der Steuerhahn umgestellt und diese Zylinderseite gegen das Ventil *14* abgeschlossen wird. Da der vollständige Schluß der Schieberschlitze kurz vor dem toten Punkt erfolgt, nimmt der Verdichtungsdruck auch nicht mehr merklich zu. Die Höhe der Verdichtung läßt sich während des Betriebes durch Nachspannen der Feder *73* genau einstellen.

Die Ingangsetzung der Maschine geschieht mittels Druckluft, die abwechselnd in den einen oder den anderen der Explosionstürme eingelassen wird. Hierzu dient die in den Abb. 38, 40 im Längs- und Querschnitt dargestellte Anlaßsteuerung, die aus einem entlasteten Dreiweghahn *74* besteht, dessen Gehäuse vier Schlitze hat, von denen je zwei einander gegenüberliegen; die Schlitze *75* und *76* sind durch eine gegabelte, mittels Hahn *77* absperrbare Rohrleitung *78* untereinander und durch die Rohrleitung *23* mit dem von der Pumpe *19* gespeisten Druckluftbehälter *79* (Abb. 26) verbunden, während die beiden anderen Schlitze *80*, *81* durch in die Türme *6* mündende Rohre *82*, *83* mit je einer Seite des Arbeitszylinders *1* (Abb. 25, 26 und 29) in Verbindung stehen. Auf dem mit einer Ausnehmung *84* versehenen Hahnkegel sitzt ein Zahnrad *85*, das in ein zweites lose auf der Steuerwelle *20* laufendes Zahnrad *86* eingreift. Letzteres trägt eine Klaue *87*, in die eine Nase *88* der auf der Steuerwelle verschiebbaren Kupplungsmuffe *89* eingreift, sobald der die Muffe verstellende Hebel *90* gegen das Zahnrad *86* bewegt wird.

Bei dieser Bewegung des Hebels wird nicht nur die Nase *88* mit der Nase *87* des Zahnrades gekuppelt, sondern auch der Hahn *77* geöffnet, und der Hahnkegel des Dreiweghahnes *74* bei einer Drehung der Steuerwelle geöffnet. Es kann aber aus dem Druckluftbehälter Luft durch die Ausnehmung *84* und die durch sie verbundenen Schlitze und Leitungen auf die eine oder die andere Zylinderseite gelangen.

Um für eine bestimmte Leistung möglichst kleine Zylinderabmessungen und ferner einen gleichmäßigen Gang zu erzielen, wird behufs Erreichung eines entsprechend hohen thermischen Nutzeffektes eine bei verschiedenen Füllungsgraden und Belastungen gleichbleibende, möglichst hohe Verdichtung angewendet. Die Verdichtungsräume sind so gestaltet, daß sie nach oben hin sich verjüngen. Die als Zwischenglied zwischen Kolben und Explosionsräumen angewendete Flüssigkeit verlängert den Kolben bis in die kegelförmig zulaufenden Explosionstürme und verhindert, daß bei Verwendung von staubförmigen Brennstoff die Zylinderwände und Kolbenflächen stark angegriffen werden, indem sich Flugasche, insofern sie nicht ausgeblasen wird, an den vom Kolben berührten Zylinderwandungen nicht ansetzen und anbrennen kann, sondern von der Flüssigkeit aufgenommen wird, die beim Betriebe ununterbrochen erneuert wird.

Diese Erneuerung erfolgt mit Hilfe der Pumpen, während die Flüssigkeit durch den Steuerhahn *13* austritt, der von der Steuerung so eingestellt wird, daß sein Ventil *14* die Verbindung immer mit derjenigen Zylinderseite herstellt, in der verdichtet wird. Kurz vor dem Totpunkte wird umgestellt und die Verbindung mit der anderen Zylinderseite hergestellt. Durch das Ventil *14* wird also zu jeder Zeit die Höhe der Verdichtung geregelt, indem in demselben Maße als durch die Pumpen Flüssigkeit zugeführt wird, diese durch das Ventil entweichen muß. Bloß während der kurzen Zeit, die, wenn die Maschine mit geringer Füllung arbeiten soll, nötig ist, um den Verdichtungsraum zu verkleinern, gewissermaßen den Flüssigkeitskolben länger zu machen, um denselben Verdichtungsdruck zu erzielen, strömt keine Flüssigkeit aus.

Die Maschine hält demnach bei jedem beliebigen Füllungsgrad durch selbsttätige Verkleinerung des Verdichtungsraumes den Verdichtungsdruck immer auf genau gleicher Höhe und auch gleich hoch auf beiden Zylinderseiten.

Wenn bei geringer werdender Belastung die Füllung kleiner wird, so wird durch den Regler auch die Fördermenge der Pumpen durch Drosselung der Saugleitungen entsprechend verändert. Die hierbei eintretende Druckverminderung kommt aber bei der Verdichtung wieder zur Wirkung, so daß kein großer Arbeitsverlust infolge des Drosselns eintritt. Da die Verdichtungsarbeit direkt proportional der Belastung ist, so ist auch der mechanische Wirkungsgrad der Maschine annähernd immer derselbe.

Zwecks Anlassen wird die Kurbel etwa 20° über den der Zylinderseite zugekehrten Totpunkt gestellt und hierauf mittels der Anlaßsteuerung — durch Eindrücken der Kupplung *87, 88* — Druckluft in die Maschine eingelassen. Letztere setzt sich sofort in Gang und läuft bis zur ersten Zündung als doppeltwirkende Druckluftmaschine; die Pumpen beginnen zu fördern. Es wird demnach bereits auf der anderen Kolbenseite Explosionsgemisch eingeblasen, verdichtet und in der Totpunktstellung entzündet. Sobald die Explosion erfolgt, wird die Kupplung ausgerückt und die zwei Hähne der Anlaßsteuerung werden wieder geschlossen.

Die Maschine läuft von jetzt ab mit ihrer maximalen Füllung, bis sie die normale Umdrehungszahl erreicht hat. Nunmehr hebt sich der Regler und infolgedessen auch der Stift *50* und das Auspuffventil *11* bleibt länger offen; vom Regler aus wird der Schieber *32* verstellt und dadurch die Brennstoffzufuhr entsprechend vermindert. Gleichzeitig wird auch die Einblasevorrichtung so gesteuert, daß die Einblasung später erfolgt. Desgleichen werden durch das vom Regler bewegte Hebelwerk *91, 92, 94* (Abb. 26 und 41) die Leistungen der einzelnen Pumpen, durch Drosselung in den Saugleitungen derselben, entsprechend vermindert. Der Regler hebt sich so lange, bis der Füllungsgrad der Belastung der Maschine entspricht.

Die Patent-Ansprüche lauten:

1. Doppeltwirkende Explosionskraftmaschine, bei welcher zwischen den beiden Explosionsräumen und dem Kolben Flüssigkeitssäulen eingeschaltet sind, dadurch gekennzeichnet, daß die Zylinderenden zu Kammern ausgebildet sind, welche mit Vorrichtungen zum fortgesetzten Einführen und Ablassen der Flüssigkeit, zum Einführen des Brennstoffes und der Frischluft und zum Entfernen der verbrannten Rückstände versehen sind.

2. Eine Explosionskraftmaschine nach Anspruch 1, dadurch gekennzeichnet, daß die Vorrichtung zum Ablassen der Flüssigkeit, welche während der Verdichtung des Gemisches und dem betreffen-Explosionsraum verbunden und kurz vor der Zündung von diesem abgesperrt wird, mit einem bei einem bestimmten Druck sich öffnenden Ventil versehen ist, zum Zweck, bei Regelung der Füllung den Verdichtungsdruck im Explosionsraum unverändert zu halten.

3. Eine Explosionskraftmaschine nach Anspruch 1, dadurch gekennzeichnet, daß der Regler entsprechend der Belastung der Maschine das Auspuffventil früher oder später schließt, außerdem die Nocken zur Steuerung der Einblasevorrichtung so einstellt, daß der Brennstoff erst eingeblasen wird, nachdem das Auspuffventil sich geschlossen hat und schließlich die Pumpenleistungen dem Füllungsgrad entsprechend beeinflußt.

Bei dem zweiten Patent, D.R.P. Nr. 141815, betrifft der Gegenstand der Erfindung eine Vorrichtung zur Erzeugung von Druckflüssigkeit. Die Vorrichtung besteht aus einem Niederdruckraum und einem Hochdruckraum, die in absperrbarer Verbindung mit einem Verdichtungs- bzw. Explosionsraum stehen und zwischen denen die Verbrauchsstelle eingeschaltet ist. Aus dem Niederdruckraum strömt die Arbeitsflüssigkeit in den Verdichtungsraum, verdichtet das in ihn vorher eingeführte, aus Luft und Brennstoff bestehende Gemenge und wird, sobald letzteres entzündet ist, durch den Explosionsdruck in den Hochdruckraum getrieben, aus dem die Druckflüssigkeit zwecks Arbeitsleistung der Verbrauchsstelle zugeführt und nach ihrer Ausnutzung in den Niederdruckraum zurückgeleitet wird, während durch den Explosionsraum ein Luftstrom hindurchgeblasen wird, um diesen Raum von den Verbrennungsrückständen zu reinigen.

In dieser Maschine kann jede Art von Brennstoff (Gas, Erdöl, Kohlenstaub, Gemische des letzteren mit Gas (I. G. Farbenindustrie-Ludwigshafen usw.) verwendet werden; als Arbeitsflüssigkeit kann Wasser, Öl von entsprechend hohem Entflammungspunkte od. dgl. dienen, und die Entzündung kann außer durch Verdichtung auch durch irgendeine bei der bei Explosionsmaschinen bekannten Zündvorrichtungen geschehen.

In den Abb. 42 bis 48 ist eine Vorrichtung veranschaulicht, die mit staubförmigem Brennstoff betrieben wird. Abb. 42 stellt einen senkrechten Schnitt durch die Vorrichtung dar und zeigt deren Verbindung mit der Verbrauchsstelle — die eine Turbine, ein Peltonrad, eine Wassersäulenmaschine od. dgl. sein kann — sowie mit den zur Erzeugung von Preßluft und Ausblaseluft dienenden Vorrichtungen.

Abb. 43 zeigt einen Teil der Auslösevorrichtung für das Hebelwerk in größerem Maßstabe.

Abb. 44 bis 48 zeigen verschiedene Ausführungsformen einzelner Teile der Maschine.

Der Verdichtungs- bzw. der Explosionsraum 1 ist von dem Niederdruckraum 2 durch den Kolben 4, in dem ein unter Federbelastung stehendes Rückschlagventil 5 eingesetzt ist, und von dem Hochdruckraum 3 durch das Rückschlagventil 6 getrennt, welch' letzteres ebenfalls unter Federdruck steht.

Die Stange 7 des Kolbens 4 ist durch eine Gleitsteinführung mit einem um den Bolzen 8 des Untergestelles drehbaren Hebel 9 verbunden, an dessen einen Arm der Kolben einer Luftpumpe 10 angelenkt ist, während der andere Arm durch eine Feder 11 abwärts gezogen wird und durch eine Stange 12 mit den die Brennstoffzufuhrvorrichtung bewegenden Hebeln in Verbindung steht. An den Enden des Hebels 9 sind die Nasen 13 und 14 angebracht, von denen die erstere auf der Nase 15 eines einarmigen Hebels 16 aufruht, der durch die Stange 17 mit einer unter dem Druck einer Feder 18 stehenden Membrane 19 verbunden ist. Die Membrane kann in dem Gehäuse 20 der Auslösevorrichtung, das durch ein absperrbares Leitungsrohr 21 Druckflüssigkeit aus dem Hochdruckraum 3 empfängt, verstellt werden.

Die andere Nase 14 des Hebels 9 kann auf eine Nase 22 eines die Luftbremse 23 bewegenden Hebels 24 wirken, der durch die Stange 25 mit der Ausblasvorrichtung verbunden ist.

Der Hochdruckraum und der Niederdruckraum sind durch Leitungsrohre 26 und 27 mit der Verbrauchsstelle 28 und durch absperrbare Rohre 29 und 30 mit dem einerseits durch Rohr 31 mit der Luftpumpe 10, andererseits durch Rohr 32 mit der Einblasvorrichtung der Brennstoffzuführung in Verbindung stehenden Druckluftbehälter 33 verbunden. Ferner führen von diesen beiden Räumen Rohrleitungen 34, 35 zu einem Gebläse 36, welches, mit Druckflüssigkeit (etwa nach Art der Orgelgebläse oder mittels Turbine) betrieben, die Ausblaseluft zu liefern hat und durch ein Rohr 37 mit dem Explosionsraum 1 verbunden ist. Außerdem steht der Niederdruckraum 2 und der Raum unterhalb des Kolbens 4 durch Rohre 38 und 39 mit einer zur Förderung von Arbeitsflüssigkeit dienenden Pumpe 40 in Verbindung.

Die Kohlenstaubzuführung geschieht mittels eines zwischen Brennstoffbehälter 41 und Einblasvorrichtung 42 angeordneten, ruckweise gedrehten Kammerschiebers, der seine Bewegung bei dem Niedergange der mit dem Hebel *9* verbundenen Stange *12* durch Vermittlung der Hebel bzw. Stangen *44, 45, 46* erhält, durch das der Kammerschieber jedesmal so weit gedreht wird, daß sich eine Kammer in den Mischraum entleert, während beim Aufwärtsgang der Stange *12* vom Hebel *46* aus die mittels Lenkerverbindung *52, 53* gemeinschaftlich bewegbaren Lufthähne *54* und *55* geöffnet werden, deren Rückführung in die Schlußstellung eine Feder *61* bewirkt.

Dieser Einblasvorrichtung wird Druckluft durch das Rohr *32* aus dem Behälter *33* zugeführt.

Die zum Ausblasen des Explosionsraumes dienende Vorrichtung besteht aus dem im obersten Teil dieses Raumes angeordneten Auspuffventil *62* und einem in die Einmündungsstelle des Gebläserohres *37* in den Explosionsraum eingebauten Lufteinlaßventil *63*.

Diese beiden durch Federdruck geschlossen gehaltenen Ventile stehen unter der Wirkung von durch eine Stange *64* verbundenen Winkelhebeln *65* und *66*, von denen der letztere mit der Stange *25* des Luftbremsenhebels *24* verbunden ist. Die Anordnung ist hierbei so getroffen daß das Ventil *62* sich etwas früher öffnet als das Ventil *63*, um einen eventuellen Überdruck im Explosionsraum zu beseitigen, ehe durch Öffnen des Ventils *63* frische Luft in diesen Raum eingelassen und durch diese die Verbrennungsrückstände durch das offene Ventil *62* ausgetrieben werden.

Zur Nachförderung von durch Undichtheiten verlorengegangener oder zum Ersatz der gegebenenfalls verdampften Flüssigkeit ist die Fördervorrichtung *40* vorgesehen, die ein Saugventil *67* und ein Druckventil *68* enthält, mit einem Saugrohr *69* und einem Windkessel *70* ausgestattet und gegen dieselben durch Hähne *71* und *72* absperrbar ist, die gemeinsam mittels Handhebel *73* verstellt werden können. Zwecks Förderung von Flüssigkeit — durch die Wirkung der als Pumpe arbeitenden Kolbens *4* — in den Niederdruckraum *2* können die beiden Hähne so eingestellt werden, daß der eine offen ist, wenn der andere schließt. Nach Einleitung des normalen Ganges wird die gegenseitige Stellung der Hähne (durch Änderung der Länge des ihre Küken verbindenden Lenkers) so geändert, daß beide Hähne entsprechend weit geöffnet werden, wodurch eine beständige Hin- und Herbewegung der Flüssigkeit in der Fördervorrichtung und ihren Leitungen, entsprechend der Bewegung des Kolbens *4*, stattfindet.

In den Explosionsraum *1* ist ein Ablenkkörper *74* eingebaut, der den Zweck hat, die Flüssigkeit bei der Verdichtung in die Richtung des Pfeiles *v* bei der Explosion und darauffolgenden Expansion dagegen in die Richtung des Pfeiles *y* zu lenken, um Reibungen und Kontraktionen in dem mittleren Teil des rohrförmigen Raumes sowie die Trichterbildung hintanzuhalten. Außerdem schützt dieser Körper den Kolben *4* vor zu starken Stößen bei der Explosion. An entsprechenden Stellen sind Standgläser, Manometer und Fülltrichter angebracht; der Explosionsraum besitzt eine mittels Schraube *75* verschließbare Öffnung, in die bei der Füllung ein Rohr eingesetzt wird, um durch Überlaufen der Flüssigkeit aus ihm anzuzeigen, daß die Füllung bis zu der richtigen Höhe erfolgt ist.

In die vom Druckluftbehälter *33* zu dem Hoch- und Niederdruckraum führenden Leitungen sind Druckreduzierventile *76* und *77* eingeschaltet.

Zwecks Inbetriebsetzung der Maschine werden die Räume *1*, *2* und *3* bis zur gezeichneten Höhe, ebenso die Kraftmaschine *28* sowie die Fördervorrichtung *40* samt Röhre *39* mit Flüssigkeit gefüllt, die Feder *18* der Membranauslösung wird durch Zurückschrauben der Überwurfmutter vollständig entlastet und die Räume *2* und *3* werden mit Preßluft aus dem Behälter *33* gefüllt. Schließlich wird noch der Kammerschieber von Hand um 180° gedreht, so daß der Brennstoff in den Mischraum gelangt, und hierauf wird die Membranauslösung durch Spannen ihrer Feder bis zu dem Punkte eingestellt, daß sie gerade noch nicht auslöst.

Wird nun das in die Leitung *26* vom Hochdruckraum zur Verbrauchsstelle eingebaute Einlaßorgan, z. B. eine Klappe, geöffnet, so setzt sich die Kraftmaschine sofort in Bewegung.

Da der Druck im Hochdruckraum *3* infolge der Entnahme von Flüssigkeit sinkt, wird der Druck der Feder *18* jenen der Membrane *19* überwinden und der Hebel *16* wird so verstellt, daß die Nase *15* die Nase *13* des Hebels *9* freigibt. Dieser kann daher durch die Feder *11* abwärts gezogen werden, wodurch der Kolben *4* so lange gehoben wird, bis da andere Ende des Hebels *9* an einen Anschlag stößt. In dieser Stellun des Hebels gibt der Kolben den ringförmigen Durchflußquerschnitt zwischen dem Niederdruckraum und dem Verdichtungs- bzw. Explosionsraum frei, während gleichzeitig durch die abwärts gezogene Stange *12* die Hähne *54* und *55* der Einblasvorrichtung geöffnet werden, so daß die im Mischraum befindliche Ladung in den Explosionsraum eingeblasen wird. Zufolge der Öffnung des Durchflusses tritt aus dem Niederdruckraum Flüssigkeit unter den Kolben *4* und hebt dessen Ventil *5*, da ihr Druck größer ist als jener der im Explosionsraum befindlichen Flüssigkeit. Es strömt demnach in diesen Raum Flüssigkeit zu, die das eingeblasene Gemisch von Luft und staubförmigem Brennstoff bis zur Selbstentzündung verdichtet. Durch die Explosion schließt sich das Ventil *5* und der Kolben *4* wird abwärts und soweit über eine Ruhelage bewegt, daß die Nase *14* des mitbewegten Hebels *9* unter die Nase *22* zu stehen kommt. Durch den Explosionsdruck hebt sich auch das Rückschlagventil *6* und läßt die im Explosionsraum befindliche Flüssigkeit in den Hochdruckraum *3* übertreten. Der Druck und die Flüssigkeitssäulen sind so berechnet, daß durch die lebendige Kraft der Flüssigkeitssäule, die sie durch den früheren Überdruck erhalten hat, so lange Flüssigkeit überströmt, bis die Spannung im Explosionsraum annähernd dem äußeren Luftdruck entspricht, d. h. soweit es bei gleichen Volumen vor der Verdichtung und nach der Explosion eben möglich ist.

Dadurch, daß der Druck im Hochdruckraum 3 wieder gestiegen ist, ist die Membrane und daher auch die Nase 15 wieder in die frühere Stellung gebracht worden. Da der Druck auf den Kolben 4 nachgelassen hat, kann der Hebel 9 durch seine Feder 11 wieder zurückbewegt werden, bis die Nase 13 auf der Nase 15 aufruht, d. h. ihre Anfangsstellung einnimmt.

Bei der Rückbewegung wird der Hebel 24 von der Nase 14 mitgenommen und infolgedessen werden die Ventile 62 und 63 der Ausblasvorrichtung nacheinander verstellt, so daß durch den Explosionsraum nach Beseitigung etwaigen Überdruckes in ihm ein Luftstrom geblasen und dadurch die Reinigung sowie gleichzeitig die Kühlung des oberen nicht mit Flüssigkeit gefüllten Teiles des Explosionsraumes bewirkt wird. Mit Hilfe der Luftbremse kann die Dauer der Ventilöffnung nach Bedarf eingestellt werden.

Sinkt nun der Druck im Hochdruckraum wieder, so wiederholt sich der beschriebene Arbeitsvorgang.

Wenn in dieser Maschine gasförmiger Brennstoff zum Betriebe verwendet wird, so kann an dem Oberteil des Explosionsraumes beispielsweise ein elektrischer Zünder 78 angebracht und der Stromschluß durch eine den einen Kontakt verstellende Membrane bewirkt werden, die für verschiedene Drücke einstellbar ist. Dieser Zünder kann auch bei Benutzung der beschriebenen Kohlenstaubzuführung vorgesehen sein, um als Sicherheitszünder zu dienen, falls Selbstzündung durch die Verdichtung aus irgendeinem Grunde nicht eintritt.

Da auch dann noch die Möglichkeit vorhanden ist, daß eine Zündung ausbleibt, so kann, um die gleiche Wirkung, die sonst die Explosion hervorbringt, durch Druckluft erzielen können, vom Rohr 31 eine Leitung 79, die in den Explosionsraum führt, abgezweigt werden, in die ein Hahn 80 (Abb. 43) eingeschaltet ist. Dieser Hahn wird bei weiterem Sinken des Druckes im Raum 3 und dem dadurch hervorgerufenen weiteren Ausschwingen des Hebels 16, nach rechts, der hierbei eine Nase 81 des Hahnhebels 82 ganz freiläßt, durch die zur Wirkung gelangende Feder 83 geöffnet, so daß der Druckluftbehälter 33 durch das Rohr 31 und die Leitung 79 mit dem Explosionsraum verbunden und Druckluft in letzteren eingelassen wird. Nach der Explosion wird dann der Hahn 80 wieder geschlossen, indem der Hebel 82 durch eine mit dem Hebel 9 verbundene Stange 84 wieder in seine frühere Lage zurückgeführt wird.

Der Ventilkolben 4 kann auch, wie Abb. 44 zeigt, mit einem besonderen Kolben 86 verbunden sein. Wenn das Ventil 5 infolge der Explosion sich schließt, wird der Kolben 4 sofort abwärts bewegt, und zwar mit einem Drucke, der der gesamten Kolbenfläche entspricht; sobald aber der Durchfluß zwischen Niederdruckraum und Explosionsraum geschlossen ist, wird sich das Ventil *5* heben und die unter ihm befindliche Flüssigkeit in den Kompressions- bzw. Explosionsraum übertreten lassen, wobei nur noch der Kolben *86* belastet ist.

Das Ringventil *6* kann die aus Abb. 45 ersichtliche Anordnung erhalten und das Einblasventil *63* kann so angebracht sein, daß es sich durch den Druck des Gebläsewindes öffnet, wenn sich das Ausblasventil *62* bereits geöffnet hat, während der Schluß beider Ventile durch Federdruck erfolgt.

An Stelle eines Ringventils *6* können auch mehrere in einer oder mehreren Ringreihen angeordnete, voneinander unabhängig bewegliche Ventile benutzt werden, wie dies die Abb. 46, 47 und 48 veranschaulichen. Um Trichterbildungen im Flüssigkeitsspiegel infolge Reibung der Flüssigkeit an den Wänden des Explosionsraumes hintanzuhalten und dadurch zu verhüten, daß die Explosionsgase, ohne Flüssigkeit zu fördern, in den Hochdruckraum schlagen, muß die Länge der Flüssigkeitssäule im Verhältnis zum Querschnitt groß gemacht werden. Die Trichterbildung wird dadurch zwar nicht ganz verhindert, aber doch vollkommen unschädlich gemacht.

Aus diesem Grunde ist eine röhrenförmige Zwischenwand *87* innerhalb des Explosionsraumes angeordnet, so daß die Flüssigkeit den Umfangsteilen der Säulen entnommen wird. Der Ablenker *74* begünstigt diesen Vorgang.

Außerdem kann der zwischen dieser Wand *87* und der Trennungswand zwischen Hochdruckraum und Explosionsraum vorhandene Ringraum durch die radialen Rippen *88* noch in einzelne Abteilungen zerlegt sein. Dies zeigen die Abb. 45 bis 48 in verschiedener Ausführung.

Bei den gezeichneten Anordnungen sind die Rippen auch nötig, weil sie die Träger für die Wand *90* bilden.

In die Leitung *27* von der Verbrauchsstelle zum Niederdruckraum können unter Umständen auch Filter *89* eingeschaltet werden, um die Flüssigkeit, nachdem sie Arbeit geleistet hat, von der in geringen Mengen mitgerissenen Asche zu befreien und gereinigt in den Niederdruckraum zurückzuführen.

Die Maschine wird durch die Arbeitsflüssigkeit vollständig und beständig gekühlt, so daß sehr hohe Verdichtung, ohne vorzeitige Zündung zu befürchten, angewendet werden kann. Der Anfangsdruck wird daher ein sehr hoher, weshalb die Maschine bei geringer Größe einen bedeutenden Wirkungsgrad besitzen wird.

Die Patent-Ansprüche lauten:

1. Maschine zur Erzeugung von Druckflüssigkeit durch die Druckerhöhung, die bei Verbrennung oder Explosion eines verbrennbaren

Gemisches auf eine Flüssigkeitssäule eintritt, dadurch gekennzeichnet, daß die Flüssigkeit das in den Verbrennungsraum eintretende Gemisch komprimiert und die Geschwindigkeiten und Querschnittsverhältnisse der Flüssigkeitssäulen so bemessen sind, daß die lebendigen Kräfte der Flüssigkeitssäulen zur Geltung kommen und so wie ein Schwungrad wirken, und nach vollendeter Expansion Frischluft durch den Expansionsraum geblasen wird, um die Verbrennungsrückstände zu entfernen.

2. Maschine nach Anspruch 1, bei welcher man die Kompression bis zur Selbstzündung treiben will, dadurch gekennzeichnet, daß die Ventile und die Flüssigkeitssäulen so angeordnet sind, daß die lebendigen Kräfte während der Kompressionszeit nach dem Kompressionsraum gerichtet sind, damit sich bei einem den Druck im Behälter 3 (Hochdruckraum) übersteigenden Kompressionsdruck das Ventil 6 (das den Raum 1, der mit dem eigentlichen Kompressionsraume in Verbindung ist, vom Hochdruckraum trennt) nicht öffnet und die lebendige Kraft während der Expansion nach diesem Ventile gerichtet ist, um die Expansion genügend weit unter den Druck im Hochdruckbehälter treiben zu können.

3. Eine Maschine nach Anspruch 1, dadurch gekennzeichnet, daß der mit der Verbrauchsstelle 28 verbundene Niederdruckraum 2 gegen den Explosionsraum 1 durch einen mit Rückschlagventil 5 versehenen Kolben 4 oben geschlossen ist, der einen die Luftpumpe 10 antreibenden Hebel 9 bewegt, der mittels der Stangen bzw. Hebel 25, 66, 64, 65 die Ventile 62, 63 und mittels der Stangen bzw. Hebel 12, 44, 45, 46 die Brennstoffzuführungsvorrichtung steuert.

4. Eine Maschine nach Anspruch 1, dadurch gekennzeichnet, daß die einerseits unter dem Druck der Luft aus dem Hochdruckraum 3, andererseits unter regelbarem Federdruck stehende Membrane 19 mit einem die Nase 15 tragenden Hebel 16 verbunden ist, der bei Verminderung des Luftdruckes im Membrangehäuse 20 den Hebel 9 freigibt, so daß der Kolben 5 nach oben den Explosionsraum 1 zu sich bewegen kann.

5. Eine Maschine nach Anspruch 1, gekennzeichnet durch einen in die Druckluftleitung 70 eingeschalteten Hahn 80, der bei stärkerer Druckabnahme im Hochdruckraum 3 und dadurch bedingten größeren Ausschwenkung des Hebels 16 mittels eines federbelasteten Hahnhebels 82 geöffnet wird, zum Zweck, Druckluft in den Explosionsraum beim Anlassen und beim Ausbleiben einer Zündung einführen zu können.

6. Eine Maschine nach Anspruch 1, gekennzeichnet durch einen in den Explosionsraum eingebauten Ablenkkörper 74, und durch eine rohrförmige Zwischenwand 87 innerhalb dieses Raumes, die durch

radiale Rippen *88* mit der Wand des Explosionsraumes verbunden ist, zum Zweck, Trichterbildungen im Flüssigkeitsspiegel innerhalb des Explosionsraumes zu verhindern.

Eine Maschine nach diesen beiden Patenten ist von der Motorenfabrik Deutz, Köln-Deutz, versucht worden.

Haselwander.

Der Erfinder der Vorkammer-Dieselmaschine, Haselwander, hat im Brit. Patent Nr. 10110 A. D. 1901 vom 15. 5. 1901 angegeben, daß die Vorkammer mit festen pulverförmigen Brennstoffen während oder zu Ende des Saughubes geladen werden kann. Er hat damit die moderne Bauart der Vorkammer für Kohlenstaub-Dieselmotoren, wie sie von Bielefeld und Pawlikowski angewendet wird, vorweggenommen.

Die Patentschrift gibt folgendes an: »Die Erfindung hat zum Gegenstand die Einführung des Brennstoffes in den Brennraum von Brennkraftmaschinen für gas- oder dampfförmige, flüssige oder feste Brennstoffe.

Die Arbeitsluft und der Brennstoff werden getrennt in zwei miteinander in Verbindung stehenden Räumen verdichtet und ein in einer Kammer vorrätig gehaltenes Brennstoff-Luftgemisch wird durch die Verpuffung einer Hilfsladung in den Brennraum getrieben.

Die Vorkammer kann in den verschiedensten Formen konstruiert werden, beispielsweise als Röhren von ungleichem Querschnitt in verschiedenen Teilen oder als ein Satz Röhren mit einer gemeinsamen Kammer für das Hilfsgemisch oder mit Rippen. Sie kann auch gegenüber dem Zylinder in jede beliebige Lage gebracht werden, sogar in dem Brennraume kann sie untergebracht werden. Sie kann nach dem Brennraume hin in jeder gewünschten Richtung öffnen, beispielsweise tangential. Sie kann durch eine besondere Flamme oder durch Auspuffgase oder die Verbrennung im Zylinder ganz oder teilweise geheizt werden. Sie kann an dem Ende, das das Hilfsgemisch enthält, besonders gekühlt werden, um dessen Frühzündung zu vermeiden. Dies kann auch erreicht werden durch Einführung von zerstäubtem Wasser oder von Dampf in das Hilfsgemisch oder durch eine größere Luftmenge.

Frühzündung kann auch vermieden werden, wenn das Hilfsgemisch erst gerade vor dem Zeitpunkt der Zündung hergestellt wird.

Die Mündung der Vorkammer kann mit einer geeigneten Misch- oder Spritzvorrichtung versehen werden, beispielsweise einer Düse, einer Verteilerplatte oder ähnlichen Vorrichtungen.

Flüssiger Brennstoff kann bei diesem Motor in dreierlei Art verwendet werden: Er wird entweder außerhalb oder innerhalb des Motors vergast oder in flüssigem Zustande in die Vorkammer des Arbeitszylinders durch die Explosion des Hilfsgemisches eingespritzt.

Diese dritte Art erfordert auf der anderen Seite einige wenige unwichtige Änderungen, hauptsächlich zu dem Zweck, den größeren Teil des Brennstoffes flüssig zu erhalten und entweder zur Verdampfung, Vergasung oder Vermischung mit Luft in der Kammer einen kleineren Teil des Hilfsgemisches zu gewinnen oder sie in flüssiger Form in die Kammer zur Gewinnung des Hilfsgemisches einzuspritzen.

Fester Brennstoff, vorzugsweise fein gemahlen, könnte unter anderen Arten auch in der Anordnung nach der Patentschrift verwendet werden. Während er durch das Einlaßventil zur Vorkammer geht, wird ein Hilfsgemisch von Luft und Brennstoff hervorgebracht.«

Trinkler.

Auch einer der Vorkämpfer des kompressorlosen Dieselmotors, Trinkler, im D.R.P. Nr. 148106 vom 25. 5. 1901 hat an die Verwendung von Kohlenstaub im kompressorlosen Dieselmotor gedacht. Die Hilfskolben-Dieselmaschine Trinklers ist allgemein bekannt. Es sei daher hier nur die Kohlenpulver-Einbringevorrichtung gebracht, vgl. Abb. 49 u. 50.

Der Kohlenstaub befindet sich im Trichter l^2 und wird beim Niedersinken durch den auf der Ventilstange des Ventiles n^1 (Abb. 49) sitzen-

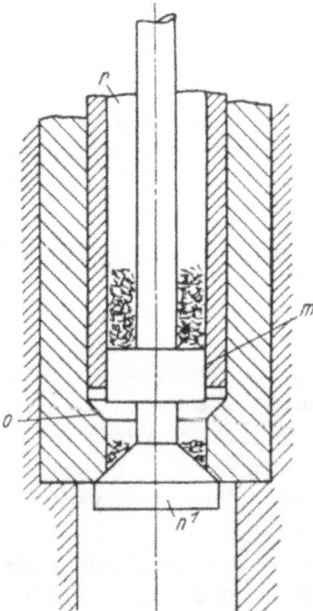

Abb. 49. Trinkler 148106.

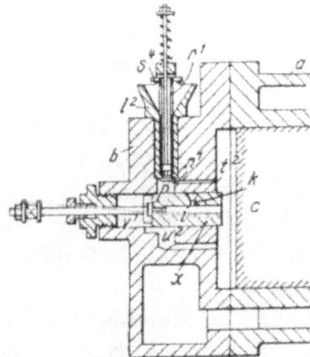

Abb. 50. Trinkler 148106.

den Kolben m aufgehalten. Beim Niedergange des Ventiles n^1 öffnet der Kolben m der Kohle den Zutritt in den ringförmigen Raum o und schließt gleichzeitig dessen unteren Rand ab, so daß die den Raum o ausfüllende Kohlenstaubmenge sich nicht über den Ventilkegel ausschütten kann. Beim Heben des Ventiles n^1 öffnet der untere Rand des Kolbens m den Raum o, die Kohle fällt nieder und sammelt sich über dem Ventil n^1, wo sie bis zum folgenden Öffnen desselben bleibt, um hierauf in die durch die Fläche des Druckkolbens x von unten geschlossene Kammer p, Abb. 50, zu fallen.

Der Kohlenzutritt wird durch den Zylinder r^1, der mit Hilfe des auf die Zapfen s (Abb. 50) einwirkenden Reglers auf- oder abwärtsgeht, geregelt. Die Stellung des Zylinders r^1 ändert die Höhe der Kammer o und die zu ihrer Füllung beim Niedergange des Kolbens m sich bildende Öffnung. Das Ventil n^1 wird in der Füllungsperiode, während welcher der Druck im Zylinder den Außendruck nicht überschreitet, geöffnet.

Während der Verdichtung bleibt die Kohle in der Kammer p ohne Bewegung, und das im Zylinder verdichtete Gas dringt längs der drei Kanäle t^2, u^2, i in die Kammer p und v^1. Um nun die Kohle in die Verbrennungskammer zu bringen, fängt der Kolben x an, sich von rechts nach links zu bewegen, schließt den Kanal u^2, führt den Kanal k unter die Kammer p und verdichtet die Luft in der Kammer v^1, so daß infolgedessen die Luft durch den Kanal i ausströmt und die durch den Kanal k aus der Kammer p fallende Kohle mit sich in den Verbrennungsraum reißt.

MacCallum.

Sehr interessant ist der Versuch einer Lösung einen Kohlenstaubmotor betriebssicher durchzubilden von dem bereits erwähnten Erfinder MacCallum. Das D.R.P. Nr. 139812 vom 26. 5. 1901 enthält folgendes:

Den Gegenstand der Erfindung bildet eine Verbrennungskraftmaschine mit besonderem Verbrennungsraum, bei der ein in senkrechter Richtung beweglicher Rost angeordnet ist, der beim Einführen des Brennstoffes und beim Arbeitshub des Kolbens in der unteren Stellung, hingegen beim Verdichten der Arbeitsluft und während des Aufwärtsganges des Kolbens in der oberen Stellung verharrt.

Auf der Zeichnung ist die Verbrennungskraftmaschine in Abb. 51 im senkrechten Schnitt zur Darstellung gebracht; Abb. 52 veranschaulicht in Einzeldarstellung das Kurbelgehäuse und das an ihm angebrachte Saugventil.

Bei dieser Maschine ist der besondere Verbrennungsraum a mit dem Expansionsraum m des Arbeitszylinders i durch einen Kanal b verbunden. Der Unterteil d des Verbrennungsraumes a dient zur Aufnahme von Wasser, das durch eine in den Rohrschlangen j umlaufende Flüssigkeit kühl erhalten wird, um eine zu schnelle Dampfentwicklung zu verhindern. Die infolge der Verbrennung des gepulverten Brennstoffes entstehenden Aschen- und Schlackenteile fallen in den Unterteil d herab und werden dort zurückbehalten.

Im Verbrennungsraum *a* ist ein in senkrechter Richtung beweglicher Rost *e* angeord-
net, der auf einer im
Unterteil *d* geführten
Stange *f* sitzt. Diese
Stange *f* erhält von der
Kraftmaschinenwelle
aus durch ein an der
Exzenterscheibe *x* sich
führendes Gleitstück *y*
eine auf- und abwärts
gerichtete Bewegung,
um den Rost *e* während
der Brennstoffzufüh-
rung in die für die
Verbrennung geeignete
Stellung überzuführen
und ihn nach erfolgter
Erhitzung aus der
Bahn des eintretenden
Luftstromes zu be-
wegen. Durch eine oder
mehrere Öffnungen *c*
in den Wandungen des
Verbrennungsraumes *a*
kann der Rost *e* vor
dem Anlassen der Ma-
schine mit Brennstoff
beschickt werden. Das
Anwärmen des Rostes *e*
erfolgt mittels elektri-

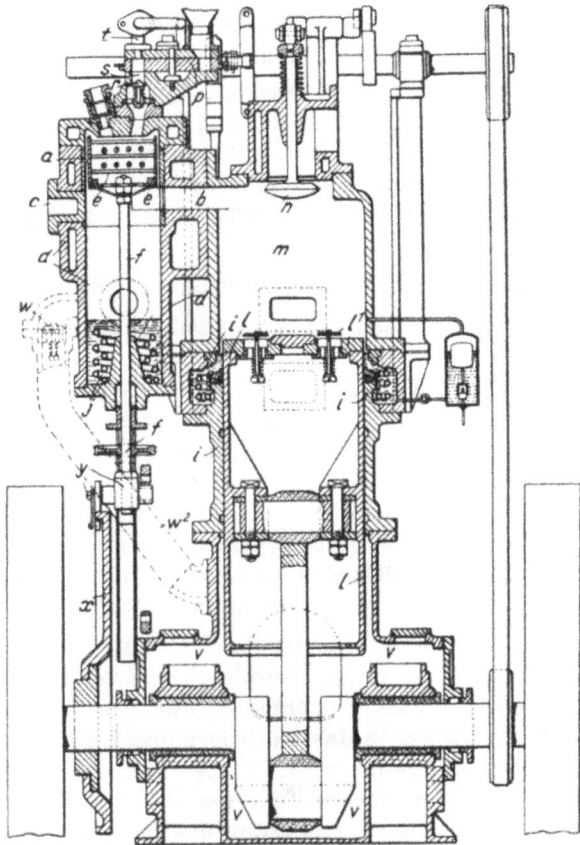

Abb. 51. MacCallum 139 812.

schen Stromes, wobei ein Teil des Rostes *e* als Widerstand ausgebildet
werden kann.

Die Höhe des Wasser-
standes im Verbrennungs-
raum und infolgedessen der
Verdichtungsdruck kann
mittels einer an die Kraftmaschine angeschlossenen
Pumpe oder einer ähnlichen
Vorrichtung geändert wer-
den, die je nach Erforder-
nis in der Weise geregelt
werden kann, daß eine

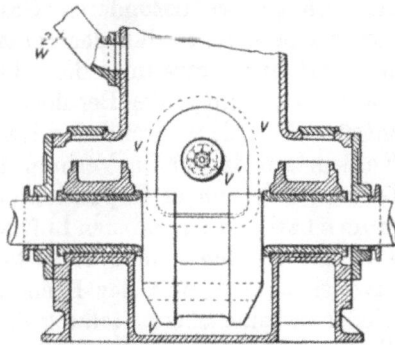

Abb. 52. MacCallum 139 812.

größere oder geringere Wassermenge dem Verbrennungsraum a zugeführt wird.

Die Verbrennungsluft wird beim Hochgange des Arbeitskolbens vor
der Einführung des Explosionsgemisches durch Ventil v^1 (Abb. 2) in
den Kurbelraum v angesaugt, wobei die im Kolben e angeordneten
Ventile l^1 den Übertritt der angesaugten Luftmenge in den Explosionsraum ermöglichen. Es kann jedoch auch die Luft- oder Gasmenge,
die in den Brennstoff eingeführt wird, in geeigneter Weise von einer
von der Kraftmaschine selbst aus angetriebenen Pumpe zugeführt
werden.

Die Arbeitsweise der Maschine ist folgende:

Nachdem die Zündflächen genügend erhitzt sind, wird die Maschine,
sobald der Kolben seinen Hochgang nahezu vollendet hat, abgeschlossen.
Der Drehschieber p, der die Einführung des Brennstoffes ermöglicht,
wird sodann von Hand derart eingestellt, daß die erste Brennstoffladung
in den Kanal s eingeführt wird, in das das Ventil r, das den nach dem
Verbrennungsraum a führenden Kanal s abschließt, eingeschaltet ist. Die
in einem Zwischenbehälter vorher aufgespeicherte Luft wird sodann
durch Einwirkung eines Ventils t eingelassen und der Brennstoff mit einer
genügenden Luftmenge nach den erhitzten Zündflächen des Rostes e
übergeführt, wo die Verbrennung stattfindet.

Während des Ganges der Maschine preßt der Kolben l bei seinem
Hochgange die durch Ventile l^1 in den Arbeitsraum m übergetretene
Luftmenge in den Verbrennungsraum a, während gleichzeitig eine weitere Luftmenge in das Kurbelgehäuse v durch ein oder mehrere Ventile
(Abb. 2) angesaugt wird. Ferner wird beim Hochgange des Kolbens l
der Rost e im oberen Teile des Verbrennungsraumes a festgestellt, zu
dem Zwecke, eine Erhitzung der beim Aufwärtsgange des Kolbens l
durch den Kanal b gepreßten neuen Luftmenge bei ihrem Hindurchtritt
durch den erhitzten Rost zu verhindern. Sobald der Verdichtungshub
des Kolbens l nahezu beendet ist, wird der Rost mit großer Geschwindigkeit infolge der besonderen Gestaltung der Exzenterscheibe x nach
abwärts bewegt, so daß der Kanal b freigegeben wird. Sodann wird in
den Verbrennungsraum a die erforderliche Brennstoffmenge eingeführt,
die teilweise infolge der Berührung mit den erhitzten Flächen des Rostes
entzündet wird, während der Rest der Brennstoffladung, der als feiner
Kohlenstaub in der im Verbrennungsraum a vorhandenen verdichteten
Luft schwebt, unter Expansion der im Verbrennungs- und Expansionsraum a bzw. m vorhandenen Luftmenge sehr schnell verbrennt. Hierdurch
wird der Kolben l nach abwärts getrieben, und der Rost e wird vor-
bzw. gleichzeitig mit der Beendigung des Arbeitshubes des Kolbens l
wieder in seine obere Stellung übergeführt. Der genaue Zeitpunkt und
die Dauer der Bewegung des Rostes sowie der Zeitpunkt der Brennstoff-

einführung werden je nach der Art des verwendeten Brennstoffes und nach der Kolbengeschwindigkeit der Maschine geregelt.

Sobald der Kolben sich ungefähr am unteren Ende seines Hubes befindet, wird das Ventil n geöffnet, durch das sodann die verbrannten Gase beim Hochgang des Kolbens ausgestoßen werden. Bei hinreichender Druckverminderung der Abgase öffnet sich die in das Kurbelgehäuse v beim Hochgange des Kolbens l angesaugte und durch den Abwärtsgang des Kolbens mäßig verdichtete Luft die Ventile l^1 an der oberen Kolbenfläche und tritt in den Expansionsraum m über, wo sie beim Hochgang des Kolbens l in den Verbrennungsraum a gepreßt wird.

Anstatt nun die zur Verbrennung erforderliche Luftmenge von dem Kurbelgehäuse durch die im Kolben l angeordneten Ventile l^1 eintreten zu lassen, kann dieselbe von dem Kurbelgehäuse v durch ein Rohr w^2 mit eingeschaltetem Rückschlagventil w (in Abb. 50 punktiert dargestellt) in den Verbrennungsraum a übergeführt werden.

Die Patent-Ansprüche lauten:

1. Verbrennungskraftmaschine mit besonderem Verbrennungsraum, dadurch gekennzeichnet, daß im Verbrennungsraum a ein in senkrechter Richtung beweglicher Rost e angeordnet ist, welcher beim Einführen des Brennstoffes und beim Arbeitshub des Kolbens in der unteren Stellung, beim Verdichten der Arbeitsluft hingegen und während des Hochganges des Kolbens in der oberen Stellung verharrt.

2. Verbrennungskraftmaschine nach Anspruch 1, dadurch gekennzeichnet, daß der Verbrennungsraum in seinem Unterteil d zur Aufnahme von Wasser dient, das einerseits zur Kühlung der den beweglichen Rost e tragenden Stange f, andererseits zur Aufnahme der Asche des Brennstoffes dient, wobei der Verdichtungsraum durch Änderung des Wasserstandes geregelt werden kann.

Bielefeld.

In den D.R.P. von Bielefeld: Nr. 299 462 vom 24. 11. 11 und Nr. 304 141 vom 1. 5. 11 ist ganz allgemein von Brennstoffen, worunter auch Kohlenstaub zu verstehen ist, die Rede.

In den Abb. 53 und 54 ist die Abmeßvorrichtung nach dem D.R.P. Nr. 299 462 vom 24. 11. 11, Bielefeld, dargestellt. Es ist für den Brennstoff ein geschlossener Umlauf angeordnet. Er wird beispielsweise durch eine Pumpe nebst Rohrleitung h der Abmeßvorrichtung im Küken u eines Hahnes zugebracht. Hier wird die einzubringende Brennstoffmenge durch einen Reglerkolben e festgelegt. Der zuviel geförderte Brennstoff wird durch eine weitere Rohrleitung b einem Behälter zugeleitet, aus dem die Pumpe wieder fördern kann. Infolge der Zwangläufigkeit wird also der Abmeßraum *f* unterhalb des Einstellkolbens *e* mit der freien Luft, mit der der Behälter in Verbindung stehen muß, verbunden, er wird also drucklos gemacht, bevor das Druckventil der Pumpe öffnen kann.

Die Abb. 55 zeigt die gleiche Abmeßvorrichtung nach dem D.R.P. Nr. 304141 vom 1.5.11 Bielefeld. Hier ist ein Ringraum *d* im Ventilsitz *e* eines Nadelventiles *f* als Abmeßraum ausgebildet. Ferner sind zwei

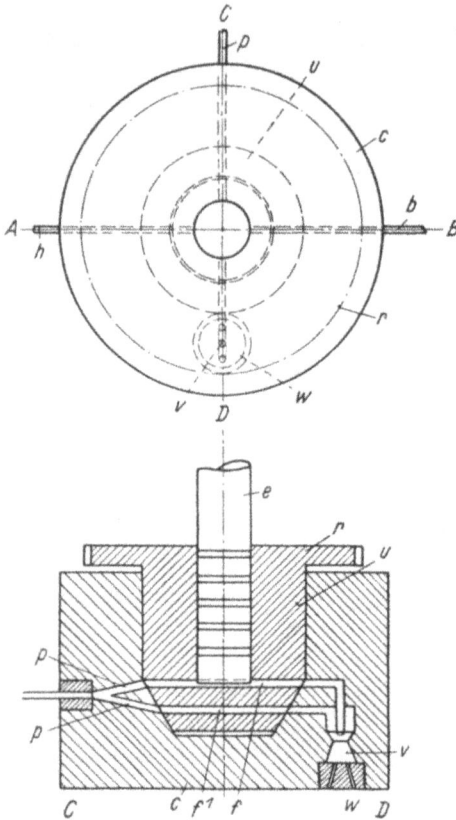

Abb. 53 u. 54. Bielefeld 299462.

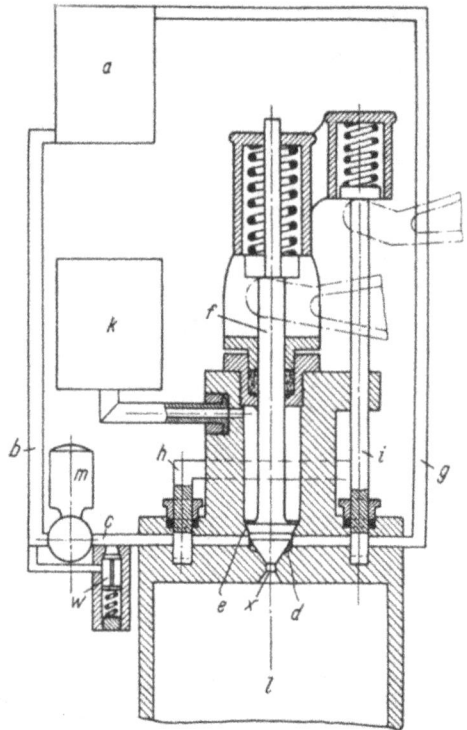

Abb. 55. Bielefeld 304141.

Hilfsschieber *h* und *i* vorgesehen. Eine Pumpe *m* fördert den Brennstoff aus dem Behälter *a* durch die Leitung *c* den Ringraum *d*, die Leitung *g* nach dem Behälter *a* zurück, dessen Inneres mit der Außenluft in Verbindung stehen muß. Es ist auf der Abb. 55 die Durchflußstellung für den Brennstoff dargestellt, die in Abb. 56 noch einmal vergrößert gezeigt wird. Das Ventil *f* ist geschlossen, die Schieber *h* und *i* sind geöffnet, der Raum *d* ist entlüftet und die Förderung kann nun fast drucklos erfolgen. Abb. 57 stellt die nächste Stellung dar, der Schieber *i* hat die Verbindung mit der Außenluft abgesperrt, der Raum *d* wird mit Brennstoff mehr oder weniger voll angefüllt werden. Darauf wird der Schieber *h* geschlossen und es kann jetzt der Brennstoff nach Abb. 58 mit Hilfe von Preßluft, die dem Behälter k entnommen wird, aus dem Abmeßraum d ausgeblasen und durch die Düse x, Abb. 55, dem Brennraume l oder einer Vorkammer zugeführt. Derartige Vorkammermotoren hat Verfasser bereits 1911/14 versucht und 1916 veröffentlicht, vgl. »Der Motorwagen« 1916, Heft 18, S. 257, in Abb. 11 in der Abhandlung »Luftfahrzeugmotoren für Kolonialdienst«.

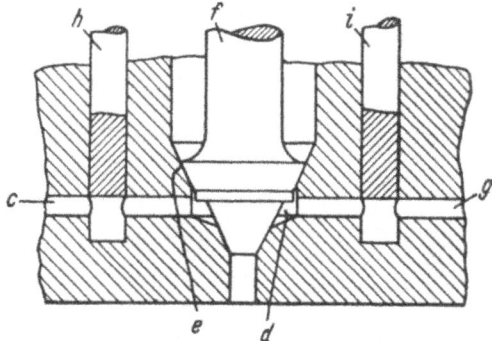

Abb. 56.

Grosser.

Grosser hat unter Nr. 280471 vom 26. 2. 1914 eine mit Kohlenstaub betriebene Verbrennungskraftmaschine, bei der der Kohlenstaub, mit Druckluft gemischt, durch diese in den Verbrennungsraum des Zylinders hinter dem Kolben eingeblasen wird. Es betrifft eine mit Kohlenstaub betriebene Verbrennungskraftmaschine, bei der der Kohlenstaub, mit Druckluft gemischt, durch diese in den Verbrennungsraum des Zylinders hinter dem Kolben eingeblasen wird. Die Eigenart der Erfindung besteht darin, daß innerhalb des Mischraumes für Kohlenstaub und Preßluft ein durch den Preßluftstrom in Drehung versetztes Flügel- oder Schaufelrad angeordnet ist, auf das der eintretende Kohlenstaub gelangt, um durch die Drehung des Flügelrades mit der eintretenden Preßluft innig gemischt zu werden.

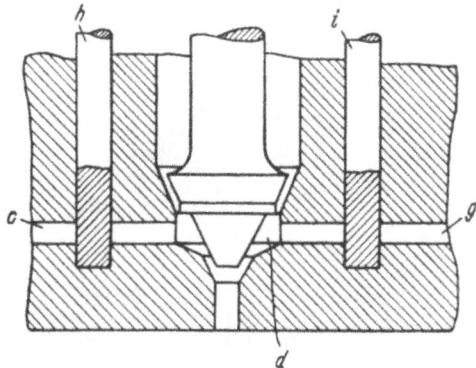

Abb. 57.

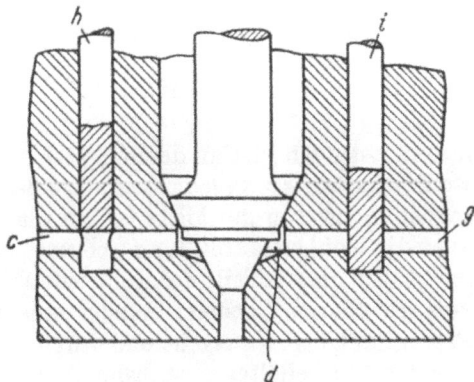

Abb. 58.
Bielefeld 304141.

Abb. 59 zeigt eine Ausführungsform dieser Verbrennungskraftmaschine schematisch in der Gesamtanordnung.

In der Zeichnung ist *a* der Zylinder der Verbrennungskraftmaschine, *b* der Kolben, *c* die Kurbelwelle. Von dieser wird mittels Stirnräder *d, e* im Übersetzungsverhältnis von 1:1 die Steuerwelle *f* angetrieben, von der aus der Regler *g* seinen Antrieb erhält. Außerdem treibt die Steuerwelle *f* eine Luftpumpe *h*, die das Absaugen der verbrannten Gase aus dem Zylinder *a* bei Beendigung des Arbeitshubes des Kolbens *b* zu bewirken hat. Die Luftpumpe *h* steht zu dem Zwecke durch eine Leitung *i* mit der Auspufföffnung *k* des Zylinders *a* in Verbindung, die durch das Auspuffventil *l* von der Leitung *i* absperrbar ist. Die Steuerung des Auspuffventils *l* erfolgt von der Steuerwelle *f* aus. *m* ist der Einlaßstutzen des Zylinders, an den das Einlaßschiebergehäuse *n* angeschlossen ist. Dieses enthält den Einlaßschieber *o*, der ebenfalls von der Welle *f* gesteuert wird. An ihn schließt sich der Mischraum *p* an, in dem der Kohlen- oder Graphitstaub mit Preßluft oder auch mit komprimiertem Sauerstoff gemischt wird. Der Mischraum *p* enthält das Flügelrad *q*, das leicht drehbar angeordnet ist. In der Decke des Mischraumes *p* mündet die Kohlenstaubzuführung *j* mit dem Absperrhahn *j*[1]. Der Zu-

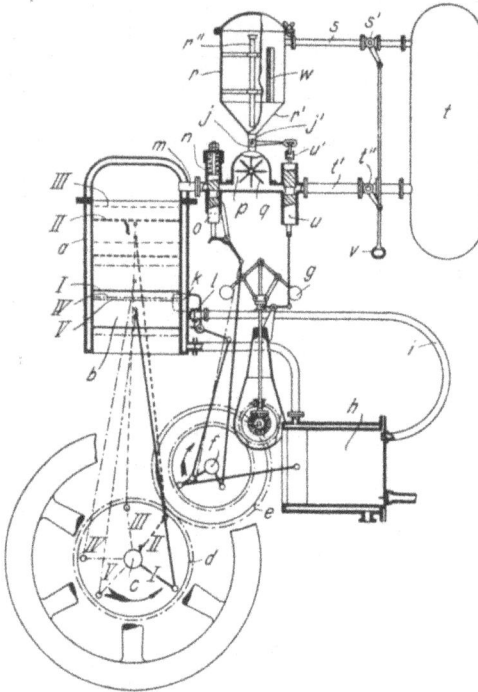

Abb. 59. Grosser 280471.

führungsstutzen *j* ist an dem trichterförmigen, unteren Teil *r'* des Kohlenstaubbehälters *r* angeschlossen, der allseitig dicht abgeschlossen bzw. abschließbar ist. In der Mitte ist ein Blasrohr *r''* vorgesehen, das oben bis über die Kohlenstaubfüllung und unten bis nahe zum Ende des Trichters reicht. Im oberen Teile des Kohlenstaubbehälters *r*, unterhalb seines dicht verschließbaren Deckels, mündet eine Preßluftleitung *s*, die von dem Preßluftbehälter *t* ausgeht und durch ein Absperrmittel *s'* absperrbar ist. Der Preßluftbehälter *t* ist beim Ausführungsbeispiel ferner durch eine Leitung *t'*, in die ein Absperrmittel *t''* eingeschaltet ist, an den Mischraum *p* angeschlossen. Vor letzterem befindet sich noch ein Regelungsschieber *u* für den Preßluftzutritt zum Mischraum *p*. Dieser Regelungsschieber *u* steht unter dem Einflusse des Reglers *g*, und mit ihm ist das Absperrmittel *j'* für die Kohlenstaubzuführung *j* verbunden. Die Verbindung ist zweckmäßig eine verstellbare und besteht beispielsweise aus einer Stellmutter *u'* mit Links- und Rechtsgewinde, die die zweiteilige Verbindungsstange zwischen dem Regelungsschieber *u* und dem Stellhebel des Absperrmittels *j'* vereinigt. Die beiden Absperrmittel *s'* und *t''* der Preßluftleitung *s* und *t'* sind zwecks gleichzeitiger Einstellung durch eine von Hand zu verschiebende Stange *v* miteinander verbunden.

Im Kohlenstaubbehälter kann eine Skala *w* zur Kontrolle des Inhaltes und seines Verbrauchs angebracht sein.

Die Füllung des Preßluftbehälters *t* erfolgt durch einen Luftkompressor, der zweckmäßig mit einer selbsttätigen Vorrichtung zur Konstanterhaltung des Druckes im Preßluftbehälter während des Betriebes ausgerüstet ist. Zum Anlassen der Kraftmaschine kann noch ein Preßluftmotor vorgesehen sein.

Als Betriebsmittel dient feiner Kohlenstaub oder feines Graphitpulver. Nachdem die Kraftmaschine durch den mit ihr kuppelbaren Preßluftmotor auf genügende Umlaufzahl gebracht worden ist, werden die Hähne *s'* und *t''* der Preßluftleitungen *s* und *t'* geöffnet. Es tritt dadurch Preßluft über den Kohlenstaub im Kohlenstaubbehälter *r* und in das Blasrohr *r''*, sowie durch den zunächst ganz geöffneten Regelungsschieber *u* in den Mischraum *p*. Sobald nun das Ventil *j'* des Behälters *r* geöffnet wird, wird Kohlenstaub in entsprechender Menge in den Mischraum *p* gegen das Flügelrad *q* geblasen, das, gleichzeitig infolge der Wirkung des auf das Rad treffenden Preßluftstromes in rasche Umdrehung versetzt, den eingetretenen Kohlenstaub innig mit der Preßuft mischt. Das Gemisch tritt in den Arbeitszylinder *a* der Verbrennungskraftmaschine, deren Kurbelwelle beispielsweise im Sinne des eingezeichneten Pfeiles umlaufen soll. Der Eintritt des Brennstoffluftgemisches in den Zylinder ist so zu regeln, daß er während des Rückganges des Kolbens aus der Stellung *I* in die Stellung *II* erfolgt. Während der Beendung der Rückbewegung des Kolbens erfolgt dann die Kompression, und unmittelbar nachdem der Kolben seine Totpunktlage oben überschritten hat, die Explosion, die durch eine geeignete Zündvorrichtung bewirkt wird. Am Ende seines Arbeitshubes gibt der Kolben *b* die Auspufföffnung *k* des Zylinders frei. Vorher hat der Kolben der Luftpumpe *h* seine Saugbewegung bereits begonnen, so daß in der Leitung *i* ein Unterdruck entstanden ist und beim nunmehrigen Öffnen des Auspuffventils *l* das Absaugen der Abgase und Verbrennungsrückstände aus dem Arbeitszylinder mit großer Geschwindigkeit und vollständig erfolgt.

Die Kraftmaschine kann auch mit zwei und mehr Zylindern und als Zwei- oder Viertaktmaschine ausgeführt werden.

Der Arbeitszylinder der Kraftmaschine und der Zylinder der Luftpumpe *h* sind mit Kühlmänteln versehen. Das Kühlwasser wird dem

4*

Kühlmantel der Luftpumpe zugeführt und von hier zum Kühlmantel des Arbeitszylinders *a* geleitet, aus dem es abgeführt wird.

Der Patent-Anspruch lautet:

Mit Kohlenstaub betriebene Verbrennungskraftmaschine, bei der der Kohlenstaub, mit Druckluft gemischt, durch diese in den Verbrennungsraum des Zylinders hinter dem Kolben eingeblasen wird, dadurch gekennzeichnet, daß innerhalb des Mischraumes *p* für Kohlenstaub und Preßluft ein durch den Preßluftstrom in Drehung versetztes Flügel- oder Schaufelrad *q* angeordnet ist, auf das der eintretende Kohlenstaub gelangt, um durch die Drehung des Flügelrades mit der zutretenden Preßluft innig gemischt zu werden.

Gebr. Weikersheimer.

Gebr. Weikersheimer haben im D.R.P. Nr. 298796 vom 2. 3. 1915 eine Verbrennungskraftmaschine für feste Brennstoffe geschützt erhalten.

Es handelt sich um eine Verbrennungskraftmaschine für konsistente oder feste Brennstoffe, die sich dadurch kennzeichnet, daß die Zuführung des Brennstoffes in den Vergasungs- und Verbrennungsraum in Strangform und hubweise durch abwechselnde Bewegung zweier oder mehrerer, in einer zwei- oder mehrfach rechtwinklig abgesetzten, fortlaufenden Leitung hintereinander angeordneter Kolben erfolgt.

Durch diese Hintereinanderanordnung der Kolben in einer fortlaufenden Leitung wird der Einbau besonderer Absperrventile oder Schieber entbehrlich, da die Kolben gleichzeitig die Leitung gegenüber dem Vergasungsraum abschließen. Die Abdichtung des Leitungsstranges kann ferner dadurch erhöht werden, daß das in den Vergasungsraum mündende Ende der Leitung mit rillenartigen Vertiefungen von beispielsweise sägeartigem oder ähnlichem Querschnitt versehen wird, die den Brennstoffstrang tragen und so einlagern, daß am Leitungsumfang eine Art Labyrinthweg geschaffen wird. Diese rillenartigen Vertiefungen verhindern auch, daß bei dem Vorschieben des Brennstoffstranges durch den letzten vor dem Vergasungsraum befindlichen Kolben ein größerer Teil als zur Verbrennung nötig ist, von selbst nachrutscht und in den Vergasungsraum übertritt.

In Abb. 60 ist eine derartige Verbrennungskraftmaschine im Schnitt dargestellt.

Der Arbeitszylinder *a* steht mit dem an seinem Kopfe vorgesehenen Vergasungs- und Verbrennungsraum *b* durch eine oder mehrere Düsen *c* von veränderlicher, steuerbarer Durchflußweite in Verbindung.

Die Zuführung des Brennstoffes erfolgt durch zwei oder mehrere in der fortlaufenden, rechtwinklig abgesetzten Leitung *d* hintereinanderangeordnete Kolben *e, f*, die abwechselnd angetrieben werden. Das Ende des Brennstoffstranges steht in ruhendem Zustande unter der Einwirkung der aus der im Vergasungsraum *b* gegenüberliegenden Düse *c* austretenden verdichteten Gase, durch die es auf die annähernde Vergasungstemperatur gebracht wird. Die Maschine wird mit Benzin oder Petroleum angelassen. Zum Anlassen kann auch in den Stutzen *g* ein elektrischer Erhitzer eingebaut sein.

Statt die Leitung *d* glatt in den Vergasungsraum ausmünden zu lassen, ist ein Ansatzstück *h* zwischengeschaltet, das innen rillenartige Vertiefungen *i* von beispielsweise sägezahnartigem oder ähnlichem Querschnitt aufweist, die eine Art Labyrinthweg am Umfang schaffen. Diese rillenartigen Vertiefungen verhindern auch, daß bei dem Vorschieben des Brennstoffstranges durch den letzten vor dem Vergasungsraum befindlichen Kolben ein größerer Teil, als zur Verbrennung benötigt ist, von selbst nachrutscht und in den Vergasungsraum übertritt.

Die bei der Verbrennung entstehenden Aschenrückstände od. dgl. können mit Wasser weggespült oder sonst geeignet beseitigt werden.

Die Patent-Ansprüche lauten:

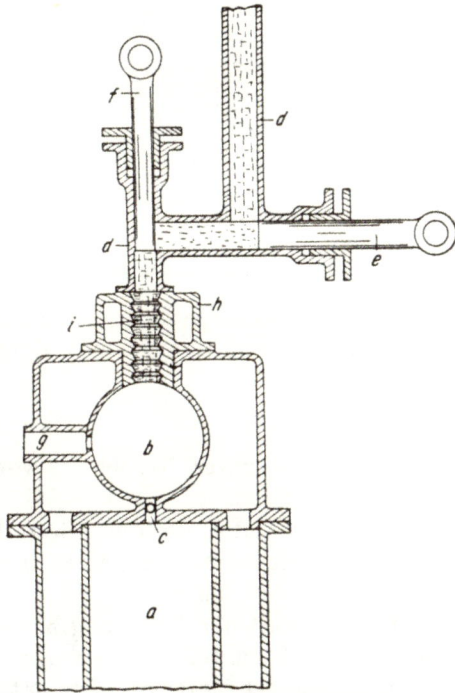

Abb. 60. Weikersheimer 298 796.

1. Verbrennungskraftmaschine für konsistente oder feste Brennstoffe, dadurch gekennzeichnet, daß die Zuführung des Brennstoffes in den Vergasungsraum in Strangform und hubweise durch abwechselnde Verschiebung zweier oder mehrerer, in einer zwei- oder mehrfach abgesetzten, fortlaufenden Leitung hintereinander angeordneter Kolben erfolgt.

2. Verbrennungskraftmaschine nach Anspruch 1, dadurch gekennzeichnet, daß das in den Verbrennungsraum mündende Ende der Rohrleitung auf der Innenseite rillenartige Vertiefungen von sägezahnartigem oder sonst geeignetem Querschnitt aufweist.

Ein Vorbild für die Einlagerung von Kohlenstaub in die Vorkammer einer Dieselmaschine kann Abb. 61 darstellen. Es handelt sich
hier um eine Ladevorrichtung für
Höhenflugmotoren nach dem
D.R.P. Nr. 331193 vom 7. 10.
1915, Bielefeld. Schließt man
bei g, o eine Leitung für Kohlenstaub-Luft-Emulsion an, so kann
man sie durch das Einsatzstück
in die Vorkammer einblasen,
ohne daß der Kohlenstaub mit
den Sitzflächen in Berührung
kommt.

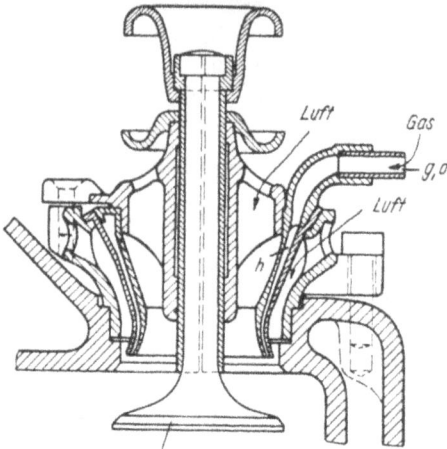

Diese Bauart ist ausführlich
beschrieben in einer Abhandlung
»Konstruktionserwägungen über
Höhen-Volleistungsmotoren«,
»Der Motorwagen« 1920, S. 33 ff.
Es ist dort auch die Bauart mit
zwei hinter einandergeschalteten Ventilen, deren Zwischenraum mit der
freien Luft in Verbindung steht, dargestellt.

Abb. 61. Bielefeld 331193.

Zeher.

Zeher hat unter Nr. 366302 vom 19. 11. 1920 einen Staubmotor
geschützt erhalten.

Es ist ein Motor, der durch feste Brennstoffe, wie Anthrazit, Stein-
kohlen, Braunkohlen, Torf, Koks u. a., die zu Staub zermahlen sind,
betrieben werden kann.

Die Eigenart der Erfindung besteht darin, daß die in den Zylinder
eingeführten Staubteilchen der Einwirkung der Elektrizität im Explosionsraume des Motorzylinders unterliegen. Die elektrostatische Einwirkung wird durch eine geladene Elektrode hervorgebracht, die im
Explosionsraume des Motorzylinders ein ununterbrochen wirkendes
elektrostatisches Feld bildet. Der in den Zylinder eingeführte Staubstrom wird am Kolbenboden gleichmäßig verteilt über den ganzen Zy-
linderquerschnitt. Die einzelnen Staubströme strömen durch den Kompressionsraum hindurch auf das elektrostatische Feld zu, wo die in
den Strömen enthaltenen unvergasten Staubteilchen von der Elektrode
angezogen und festgehalten werden. Während der Strömung durch den
Kompressionsraum lösen sich die in den Staubteilchen enthaltenen
Gase auf und gelangen nach Erreichung des elektrostatischen Feldes
mit der Luft innig vermischt zur Explosion. Die unvergasten Staubteilchen, die an der elektrostatischen Elektrode haften, werden durch

eine Ausstäubeströmung abgerissen und aus dem Zylinderinnern hinausbefördert.

In den Abb. 62 bis 69 sind verschiedene Einzelheiten der die Erfindung
bildenden Maschine veranschaulicht, und zwar zeigt:

Abb. 62 eine mit einem Dielektrikum versehene elektrostatische
Elektrode des Motorzylinders,

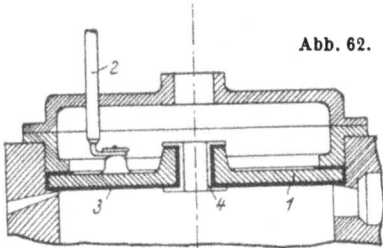

Abb. 62.

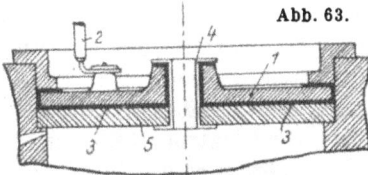

Abb. 63.

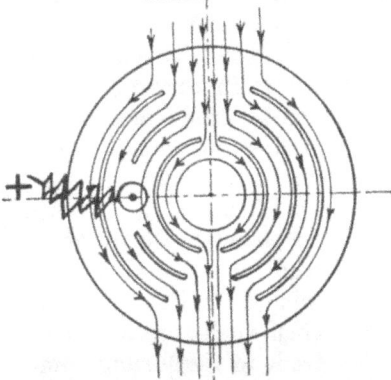

Abb. 64.

Zeher 366 302.

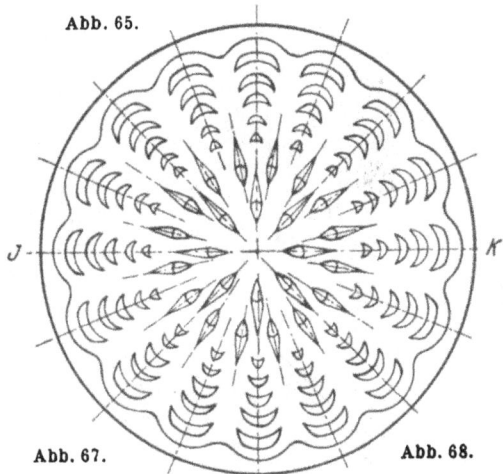

Abb. 65.

Abb. 67.

Abb. 68.

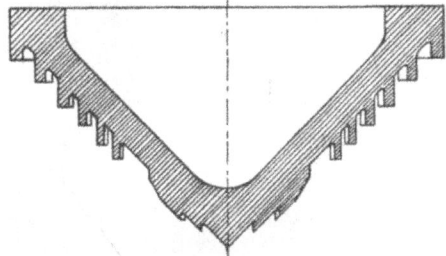

Abb. 66.

Abb. 63 eine elektrostatische Elektrode des Motorzylinders mit einem
durch eine Schutzplatte abgedeckten Dielektrikum,

Abb. 64 die Ansicht auf eine zu einem Rippenkühler ausgebildete
Elektrode,

Abb. 65 die Aufsicht auf den mit Leitschaufeln versehenen Kolbenboden,

Abb. 66 den Querschnitt des Kolbens nach $I—K$ der Abb. 65,

Abb. 67 eine Leitrippe in Aufsicht nebst Strömung,

Abb. 68 dieselbe in Ansicht nebst Strömung,

Abb. 69 Längsschnitt durch den Zylinder mit den Staubströmen,

Abb. 70 veranschaulicht die Verteilung des Ausstäubestromes.

In Abb. 62 ist *1* die elektrostatische Elektrode, die durch das Kabel *2* positiv elektrisch geladen wird. Wenn die Staubteilchen mit der Elektrode *1* in Berührung kommen würden, würden sie im Augenblicke der Berührung gleichnamig elektrisch geladen werden. Da sich nach dem Gesetze gleichnamige Pole abstoßen und ungleichnamige anziehen, so würden die Staubteilchen im Augenblicke der Berührung gleichnamig elektrisch geladen und sofort zurückgeschleudert werden. Um ein Zurückschleudern der angezogenen Staubteilchen zu verhindern, ist ein Dielektrikum vorgesehen. Dieses in Abb. 62 durch *3* gekennzeichnete Dielektrikum kann eine Glimmerscheibe sein. In die Hülse *4*, die durch die Elektrode *1* hindurchgeht, wird das Einstrahlventil eingesetzt.

Das Dielektrikum würde in kurzer Zeit bei den dauernd starken Ausstäubeströmungen durch die beim Abreißen der anhaftenden Asche entstehenden Reibungen bald so weit abgenutzt sein, daß die Staubteilchen wieder mit der Elektrode in Berührung kommen, gleichnamig elektrisch geladen und zurückgeschleudert würden. Um ein Beschädigen des Dielektrikums zu verhindern, ist es durch eine Schutzplatte abgedeckt, wie dies in Abb. 63 dargestellt ist. *1* ist die Elektrode mit dem Kabel *2* und dem Dielektrikum *3*, das nach dem Explosionsraume zu mit einer Schutzplatte *5* versehen ist. *4* ist die Hülse für das Einstrahlventil.

Wie bekannt, ist die elektrostatische Einwirkung eines Metalles bei kühler Temperatur am günstigsten; sie verringert sich immer mehr und mehr bei zunehmender Temperatur, bis schließlich bei Erreichung einer bestimmten Temperaturhöhe die Wirkung aufhört. Da man die bei der Erfindung in Anwendung kommende elektrostatische Elektrode stets

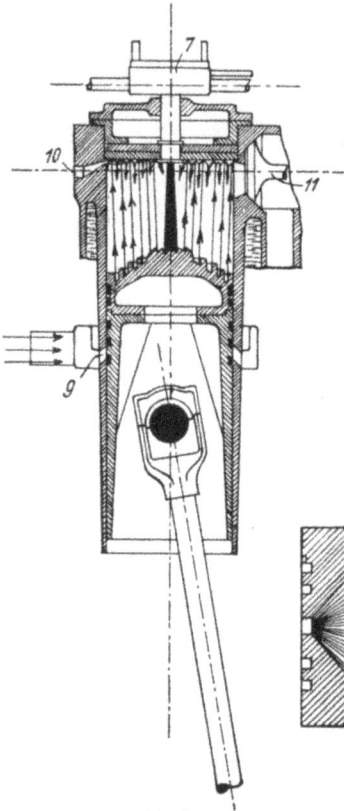

Abb. 69.

Zeher 366 302.

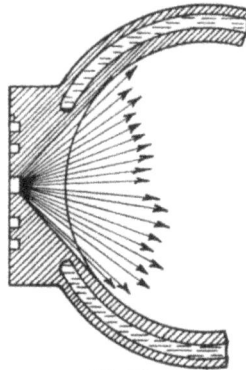

Abb. 70.

aus einem Metall herstellen wird, muß sie gekühlt werden. Zweckmäßig wird sie, um die aus dem Explosionsraume in die Elektrode dringende Wärme abzuleiten, zu einem Kühler ausgebildet.

In Abb. 64 ist elektrostatische Elektrode als Rippenkühler ausgebildet, für Luftkühlung usw. dargestellt. Da hierzu ein Luftstrom erforderlich ist, wird man ihn vorteilhaft durch den Saughub der eigenen Maschine bzw. durch deren Spülpumpe erzeugen, womit die Aufstellung eines besonderen Gebläses erspart bleibt.

Wie bekannt, läßt sich eine Flüssigkeit zerstäuben, aber keine Gas- oder Staubmasse. Im vorliegenden Falle handelt es sich um einen mit Staub gesättigten Luftstrom, der beim Aufwärtsgange des Kolbens während einer gewissen Zeit eingeführt wird. Diesen in den Zylinder eingelassenen Staubstrom zu verteilen, ist ein weiterer Gegenstand der Erfindung. Eine Zerstreuung des Staubstromes würde bewirken, daß sich die Staubteilchen an der schmierenden Zylinderwand, an der der Arbeitskolben auf- und niedergleitet, festsetzen würden. Um eine Zerstreuung der Staubströmung zu verhindern, werden der Erfindung gemäß die Staubströme in Zylinder so gerichtet, daß sie auf das elektrostatische Feld strömen, das die in den Strömen enthaltenen Staubteilchen anzieht und festhält. Um die beabsichtigte Strömungsrichtung der Staubströmung durch den Kompressionsraum nach dem elektrostatischen Felde zu erreichen, strömt der Staubstrom auf den Kolbenboden, der seine Spaltung und Verteilung bewirkt. Da an einem flachen Kolbenboden keine Spaltung und Verteilung eintreten würde, desgleichen auch keine vollkommene an einem konkaven oder konvexen Boden, besitzt der Kolbenboden eine Spitze, an der sich der eingelassene Staubstrom spaltet und ringsum gleichmäßig verteilt.

Zum Zwecke, die vom Kolbenboden abströmenden Staubströme auf das elektrostatische Feld hinzuleiten, sind am Kolbenboden Leitschaufeln vorgesehen (Abb. 65), die die Ströme entsprechend ablenken. Abb. 65 zeigt die Aufsicht auf den Kolbenboden und Abb. 66 den Querschnitt *I—K* der Abb. 65. In der Nähe der Kolbenspitze können an Stelle von Leitschaufeln auch Leitrippen angewandt werden, wie dies in Abb. 65 dargestellt ist. Sie können die Gestalt der Abb. 68 annehmen. Hierbei wird nur ein Teil der in Betracht kommenden Strömung abgelenkt, wie dies die angedeuteten Strömungslinien zeigen. Abb. 67 zeigt die Aufsicht von Abb. 68. Die nach oben abgelenkten Ströme expandieren während der Durchströmung des Kompressionsraumes nach dem elektrostatischen Felde bis auf einen geringen Überdruck über den im Zylinderraume herrschenden Kompressionsdruck. Je näher die in den expandierenden Strömen enthaltenen Staubteilchen dem elektrostatischen Felde kommen, desto größer wird die Anziehung sein. Beim Aufprall der Ströme auf das elektrostatische Feld werden die unvergasten Staubteilchen festgehalten, wogegen die Gase abschweifen und völlig ausexpandieren.

Zum Zwecke, eine gleichmäßig starke Auftragung des Staubes durch die Ströme auf das elektrostatische Feld zu erreichen, findet ein gleichbleibender Einstrahldruck Anwendung.

Abb. 69 zeigt einen Schnitt durch den Zylinder im Augenblicke der Einstrahlung. Da der Zylinderdeckel das elektrostatische Feld bildet, lassen sich an ihm Saug- und Auspuffventile, wie allgemein üblich nicht anbringen. Aus diesem Grunde sind bei diesem Staubmotor die erforderlichen Einzelheiten an der Zylinderwand angebracht. Die Maschine arbeitet im Zweitakt. *8* ist die Spülluftleitung; durch die an der Zylinderwand befindlichen Einlaßschlitze *9* wird die Spülluft in den Zylinder eingeführt; *10* ist eine Düse zur Einführung der Ausstäubeluft, durch die die am elektrostatischen Felde haftenden Ascheteilchen abgerissen und durch das Ausspülventil *11*, das gleichzeitig als Auspuffventil ausgebildet ist, hinausbefördert werden. Wie aus Abb. 70 zu erkennen ist, schließen sich die seitlichen Begrenzungen der Düse *10* tangential an die Zylinderbohrung an, wodurch das ganze elektrostatische Feld von dem Ausstäubestrom bestrichen wird. Dadurch, daß das Auspuffventil gleichzeitig für die Ausstäubung benutzt wird, wird ein weiteres Ventil erspart.

Während der Strömung der Staubströme durch den Kompressionsraum lösen sich die in den Staubteilchen enthaltenen Gase infolge der in den Strömen enthaltenen Wärme auf. Die unaufgelösten Staubteilchen werden bei Ankunft am elektrostatischen Felde als Asche festgehalten, wogegen die aus den Staubteilchen gelösten Gase sich mit der Kompressionsluft mischen und das Gasluftgemisch bilden. Kurz bevor der Kolben die obere Totpunktstellung erreicht, schließt sich das Einstrahlventil *7* und der Explosionsvorgang beginnt.

Die Verpuffung des Gasluftgemisches wird durch Kompressionswärme hervorgebracht. Hierbei findet während der Verpuffung irgendeine Strömung nicht statt, so daß der Verpuffungsraum ein strömungsloses Gebiet darstellt. Da nun der das elektrostatische Feld bildende Zylinderdeckel dieses Gebiet begrenzt, so wird ein Abreißen der Staubteilchen von ihm vermieden.

Sobald der Krafthub beendet ist, beginnt die Ausspülung des Zylinders. Der Spülvorgang zerlegt sich in die Ausspülung der im Zylinder enthaltenen Gase und die Ausstäubung der am elektrostatischen Felde haftenden Ascheteilchen. Die von der Spülpumpe kommende Luft strömt durch die Schlitze *9* ein und drängt die verbrannten Gase durch das Ventil *11* hinaus, wogegen die am elektrostatischen Felde haftenden Ascheteilchen durch den aus der Düse *10* kommenden Ausstäubestrom hinausgeworfen werden, und zwar durch Ventil *11*, das derart gestaltet ist, daß es für den Auspuff der Gase und für die Ausstäubung der Asche gemeinsam benutzt werden kann, womit sich ein weiteres Ventil erübrigt.

Die Patent-Ansprüche lauten:

1. Staubmotor, dadurch gekennzeichnet, daß der Explosionsraum des Motorzylinders mit einer elektrostatischen Elektrode versehen ist.
2. Staubmotor nach Anspruch 1, dadurch gekennzeichnet, daß die elektrostatische Elektrode mit einem Dielektrikum versehen ist.
3. Staubmotor nach Anspruch 2, dadurch gekennzeichnet, daß das Dielektrikum der elektrostatischen Elektrode durch eine Schutzplatte abgedeckt ist.
4. Staubmotor nach Anspruch 1, dadurch gekennzeichnet, daß die elektrostatische Elektrode als Kühler ausgebildet ist.
5. Staubmotor nach Anspruch 4, dadurch gekennzeichnet, daß die elektrostatische Elektrode durch den beim Saughube der Maschine oder der Spülpumpe entstehenden Luftstrom gekühlt wird.
6. Staubmotor nach Anspruch 1, dadurch gekennzeichnet, daß der in den Zylinder eingelassene Staubstrom auf den Kolbenboden trifft, der denselben verteilt und die Ströme gegen das elektrostatische Feld der Elektrode richtet.
7. Staubmotor nach Anspruch 6, dadurch gekennzeichnet, daß der Kolbenboden, auf den der in den Zylinder eingelassene Staubstrom trifft, eine Spitze besitzt.
8. Staubmotor nach Anspruch 6, dadurch gekennzeichnet, daß der Kolbenboden mit Leitschaufeln versehen ist.
9. Staubmotor nach Anspruch 1, dadurch gekennzeichnet, daß der Staubstrom unter einem gleichbleibenden Drucke in den Zylinder eingelassen wird, und außerdem eine solche Wärme besitzt, daß sich die Gase aus den Staubteilchen auflösen.
10. Staubmotor nach Anspruch 1, dadurch gekennzeichnet, daß die an der elektrostatischen Elektrode haftenden Staubteilchen durch einen aus einer Düse tretenden Ausstäubestrom abgerissen und aus dem Zylinderinnern hinausbefördert werden.
11. Staubmotor nach Anspruch 10, dadurch gekennzeichnet, daß sich die seitlichen Begrenzungen der Ausstäubedüse tangential an die elektrostatische Elektrode anschließen, da die gesamte Fläche derselben vom Ausstäubestrom beeinflußt wird.
12. Staubmotor nach Anspruch 1 und 10, dadurch gekennzeichnet, daß das Auspuffventil derart gestaltet ist, daß es für die Ausspülung der Gase und die Ausstäubung der an der elektrostatischen Elektrode haftenden Ascheteilchen gemeinsam benutzt werden kann.

Schnürle hat sich mit der Verbrennung fester Brennstoffe hinter einem Roste im Brennraume eingehend beschäftigt. Seine Bestrebungen sind im D.R.P. Nr. 398997 vom 31. 8. 1922 und weiteren mehr niedergelegt. Von praktischer Bedeutung sind sie nicht geworden.

Pawlikowski.

Auf den in den Patentschriften Nr. 299462 und Nr. 304141, Biele-feld, Nr. 303934, Stein, beschriebenen Umlauf des Brennstoffes zwischen Vorratsbehälter — Fördervorrichtung — Abmeßraum bzw. Einlaßventil und zum Vorratsbehälter zurück, hat Dipl.-Ing. Rud. Pawlikowski in Fa. Kosmos G. m. b. H., Görlitz, zurückgegriffen. Ebenso hat er die Entlüftung des Abmeßraumes nach der freien Luft hin übernommen, wodurch verhindert wird, daß unter Druck stehende Gase in den Kohlen-pulvervorrat eindringen.

Nachstehend ist die Beschreibung des D.R.P. Nr. 417081 vom 20. 2. 1923 wiedergegeben:

Bei Verbrennungskraftmaschinen, bei denen der Brennstoff aus einem unter verhältnismäßig niederem Druck stehenden Vorratsbehälter durch ein gesteuertes Ventil hindurch in den Verbrennungs- oder Düsen-raum der Maschine eingeführt wird, kann es vorkommen, daß beim Öffnen des Ventils die etwa im Verbrennungsraum oder Düsenraum noch vorhandenen Preßluftreste oder die zurücktretenden Abgase in den Brenn-stoffvorratsbehälter oder in die zu ihm führende Leitung hineinschlagen. Sie stoßen dabei auf den in die Düse oder den Verbrennungsraum ein-strömenden Brennstoff, hemmen diesen in seiner Bewegung und ver-hindern dessen Eintritt in den Verbrennungsraum oder in die Düse, so daß sie nicht in ausreichendem Maße in der dafür zur Verfügung stehen-den kurzen Zeit mit Brennstoff gefüllt werden kann.

Die Erfindung will diese Nachteile beseitigen und erreicht dieses im wesentlichen dadurch, daß zwischen Brennstoffbehälter und Verbren-nungsraum oder Einblasedüse zwei hintereinandergeschaltete Zufüh-rungsventile angeordnet sind, deren Zwischenraum zum gefahrlosen und völligen Abführen von Preßluftresten und Abgasen aus der Maschine oder der Düse dient. Zu dem Zwecke werden die beiden Ventile jeweils nach-einander geöffnet und geschlossen, so daß bei Öffnung des Einlaßventils die aus dem Füllraum zurückschlagenden Gase durch das zweite, zunächst noch geschlossene Absperrorgan gehindert, werden in den Brennstoff-behälter einzutreten, sondern nach außen abgeführt werden. Beim Öffnen des zweiten Ventils ist der Düsenraum also bereits völlig entlüftet und überdruckfrei, so daß der nun in den Düsenraum oder in den Ver-brennungsraum eindringende Brennstoff keinen Widerstand findet und der Düsenraum in der verfügbaren kurzen Zeit in genügender Menge mit Brennstoff beschickt werden kann.

In der Zeichnung ist die Erfindung für eine Verbrennungskraft-maschine für feste, pulverförmige Brennstoffe dargestellt. Es zeigen: Abb. 71 einen senkrechten Schnitt durch den Zylinderkopf einer mit der Erfindung ausgerüsteten Verbrennungskraftmaschine.

Abb. 72 bis 75 sind Schnitte durch das Düsenfüllorgan in größerem Maßstabe bei verschiedenen Stellungen.

Abb. 76 veranschaulicht im Schnitt eine etwas abgeänderte Ausführungsform des Düsenfüllorgans.

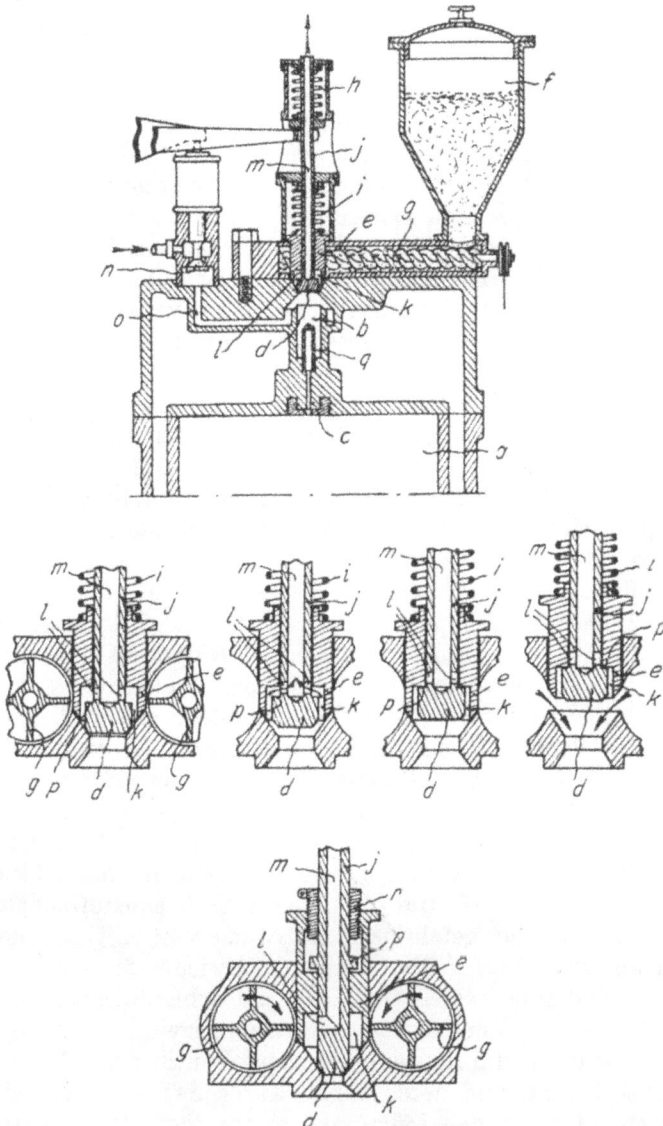

Abb. 71—76. Pawlikowski 417081.

Der Kraftmaschinenzylinder a besitzt eine nach ihm offene Einblasedüse b, die als Abschluß gegen den Zylinder a eine Zerstäuberloch-
platte c aufweist. Die mit Brennstoff zu beschickende Düse b ist durch

ein Doppelventil d, e vom Brennstoffbehälter abgeschlossen. Der pulver-förmige Brennstoff wird aus dem Vorratsbehälter f durch zwei sich dre-hende Schleuderschnecken g zugeführt, die zu beiden Seiten des Doppel-ventils d, e angebracht sind (vgl. Abb. 72) und bei dessen Eröffnung das Brennstoffpulver in die Düse b schleudern. Die beiden Ventile d, e werden durch Belastungsfedern h, i geschlossen gehalten. Das äußere Ventil e ist ein Hülsenventil, das das innere Kegel- oder Tellerventil d umgibt und sich auf dessen Schaft j führt. Die beiden Ventile d und e lassen zwischen sich einen Ringraum k frei, der durch Öffnungen l mit einer nach außen führenden axialen Bohrung m des Schaftes j des Kegel-ventils d in Verbindung steht. Bei geschlossenen Ventilen d und e (Abb. 71, 72 und 76) sind die Öffnungen l freigegeben, so daß der Ring-raum k durch die Bohrung m mit der Außenluft verbunden ist. Die Ein-blasedruckluft tritt durch das gesteuerte Ventil n und die Leitung o in die Düse b.

Die beiden Ventile d und e werden nacheinander geöffnet und ge-schlossen. Bei den gezeichneten Ausführungsbeispielen ist das äußere Hülsenventil e als Schleppventil ausgebildet und wird vom inneren Kegel-ventil d zwecks Eröffnung mitgenommen, sobald letzteres eine gewisse Hubstrecke zurückgelegt hat. Als Mitnehmer dient eine Schulter p am Kegelventil d. Infolgedessen öffnet das Hülsenventil e später als d, wäh-rend das Hülsenventil e wieder früher schließt als das Kegelventil d.

Beim Öffnen des Doppelventils d, e wird zunächst das Kegelventil d geöffnet, Abb. 73, und die Düse b durch den Ringraum k, die Öffnungen l und den Auslaß m entlüftet. Danach werden die Öffnungen l durch das Hülsenventil e geschlossen, Abb. 74. Nunmehr erfolgt beim weiteren Hube des Kegelventils d auch die Eröffnung des Hülsenventils e, Abb. 75. Dabei wird die notwendige Brennstoffmenge ohne Widerstand von den Schnecken g in die Düse b geschleudert, aus der jeder Überdruck infolge ihrer vorherigen Verbindung mit der Außenluft entweichen konnte. Beim Schluß des Doppelventils d, e gelangt zunächst das Hülsenventil e auf seinen Sitz, Abb. 74, um den Weg zum Brennstoffbehälter abzu-schließen, worauf zur gefahrlosen Ableitung von Abgasen und Rück-schlägen aus der Düse b die Öffnungen l wieder freigegeben werden, Abb. 73, worauf auch das Kegelventil d sich schließt, Abb. 72. Die Ein-blasung der Düsenfüllung in den Verbrennungszylinder a erfolgt mittels Druckluft, die nach Öffnung des gesteuerten Ventils n durch die Leitung o in die Düse b tritt, und deren Inhalt durch das Filter q und die Zer-stäuberlochplatte c in den Zylinderraum ausbläst. Dabei tritt die Ein-blaseluft unmittelbar am Sitz des Ventils d in solcher Richtung in die Düse b ein, daß Kegel und Sitz durch die eintretende Preßluft stets von allen Ansätzen freigeblasen werden.

Das gesteuerte Ventil d wird zugleich zum Regeln der durchgeführten Brennstoffmenge benutzt. Zu dem Zweck wird beispielsweise mittels des Maschinenreglers die Hubhöhe des Kegelventils geändert, das infolgedessen das Hülsenventil e mehr oder weniger weit mitnimmt, so daß je nachdem eine größere oder kleinere Brennstoffmenge aus dem Behälter f in die Düse d eintreten kann.

Bei der Erfindung nach Abb. 76 bleibt die Hubhöhe des Kegelventils d die gleiche. Dafür verstellt der Maschinenregler beispielsweise eine Schraubmuffe r am Hülsenventil e, so daß der Mitnehmerbund p am Schafte j des Ventils d früher oder später an die Muffe r anschlägt und so das Hülsenventil e ebenfalls mehr oder weniger weit öffnet.

Anstatt das Hülsenventil e vom Kegelventil d mitnehmen zu lassen, können auch beide Ventile d und e zwangläufig gesteuert werden.

Durch geringes Lüften des Kegelventils d kann man vollständiges Leerblasen der Düse b nach außen erreichen, wenn das Ausblasen der Brennstoffladung in den Arbeitszylinder a beendet ist und der letzte Rest von Preßluft aus der Düse entfernt werden soll. Dabei strömt der Überdruck aus ihr durch Ringraum k, Öffnungen l und Auslaß m ins Freie, so daß die Düse überdruckfrei wird und die nächste Brennstoffüllung leicht angebracht werden kann.

Der doppelte Abschluß zwischen Brennstoffbehälter und Verbrennungsraum kann auch dadurch erzielt werden, daß vor dem inneren Einlaßventil ein zweites getrenntes Abschlußorgan (Ventil, Schieber od. dgl.) in die Brennstoffleitung eingebaut ist, das vor Öffnen des Einlaßventils geschlossen und nach dessen Schluß wieder geöffnet wird und das auch zur Regulierung der Brennstoffzuführung dienen kann.

In den Abb. 71 bis 76 ist die Erfindung an einer Verbrennungskraftmaschine für feste, pulverförmige Brennstoffe erläutert. Sie eignet sich aber auch zur Anwendung bei Maschinen, die mit teigförmigen, flüssigen oder gasförmigen Brennstoffen beschickt werden, und zwar gleicherweise für Turbinen und Kolbenmaschinen. Die durch den Doppelabschluß gesicherte Einführungsöffnung kann unmittelbar am Verbrennungsraume angeordnet sein oder einer vom Verbrennungsraum mehr oder weniger entfernt angeordneten Abteilstelle angehören, von der aus die jeweils abgeteilte Brennstoffmenge den einzelnen Verbrauchsstellen zugeführt wird.

Endlich kann der Brennstoff mit niederem oder hohem Druck in den Verbrennungsraum oder in die Düse b eingeführt werden. Die Ventile d und e können anstatt nach außen auch nach dem Düsenraum b zu sich öffnen. Natürlich kann die Steuerung der Brennstoffzuführung zur Düse oder zum Verbrennungsraum der Maschine und der Doppelabschluß gemäß der Erfindung anstatt durch Ventile auch durch andere Abschlußorgane, wie Hähne, Schieber od. dgl. erfolgen.

Die Patent-Ansprüche lauten:

1. Brennstoffzuführung an Verbrennungskraftmaschinen, bei denen der Brennstoff durch ein gesteuertes Ventil hindurch in den Verbrennungsraum der Maschine eingeführt wird, dadurch gekennzeichnet, daß der Abschluß des Brennstoffbehälters gegen den Verbrennungsraum oder die Düse oder gegen die zu dieser führende Leitung durch zwei hintereinandergeschaltete, nacheinander öffnende bzw. schließende Absperrventile erfolgt, deren Zwischenraum einen Auslaß zur Abführung von Gasen und Preßluftresten besitzt.

2. Einrichtung nach Anspruch 1, dadurch gekennzeichnet, daß der nach außen führende Auslaß derart gesteuert wird, daß er bei geöffnetem Einlaßventil d geschlossen ist.

3. Einrichtung nach den Ansprüchen 1 und 2, dadurch gekennzeichnet, daß zwischen beiden Ventilen d, e ein mit der Außenluft in Verbindung stehender Zwischenraum k angeordnet ist, und daß das als Hülsenventil ausgebildete Ventil e das früher öffnende und später schließende Einlaßventil d umgibt.

4. Einrichtung nach den Ansprüchen 1 bis 3, dadurch gekennzeichnet, daß die nach außen führenden, in den Ventilzwischenraum k mündenden Auslässe l, m durch die Öffnungs- und Schließbewegung der Ventile d, e gesteuert werden.

5. Einrichtung nach den Ansprüchen 1 bis 4, dadurch gekennzeichnet, daß das innere Ventil d nach beendetem Ausblasen der Düse b in den Verbrennungsraum hinein zum Entlüften der Düse nach außen angehoben wird.

Obschon Pawlikowski wörtlich angibt auf S. 3, 1. Spalte, Zeile 38 bis 45: »In der Zeichnung ist die Erfindung an einer Verbrennungskraftmaschine für feste, pulverförmige Brennstoffe erläutert. Sie eignet sich aber auch zur Anwendung bei Maschinen, die mit teigförmigen, flüssigen oder gasförmigen Brennstoffen beschickt werden«, ist ihm infolge mangelhafter Vorprüfung ein Patent erteilt worden auf den Gegenstand, der bereits durch die D. R. P. Nr. 299462 vom 24. 11. 11 und 304141 vom 1. 5. 11, Bielefeld, sowie Nr. 303934, Stein, bekannt geworden war und über den vom Verfasser in technischen Zeitschriften (»Der Motorwagen« u. a.) berichtet worden war. Die Patentansprüche des D.R.P. Nr. 417081 lauten nun nicht etwa auf eine Kohlenstaubmaschine sondern ganz allgemein auf: »Eine Brennstoffzuführung an Verbrennungskraftmaschinen, bei denen der Brennstoff durch ein gesteuertes Ventil hindurch in den Verbrennungsraum der Maschine eingeführt wird«.

Ich mache diese Angaben nicht, um Streit mit Herrn Pawlikowski zu bekommen, sondern um die Verbesserung der Vorprüfung im Reichspatentamt anzuregen. Vgl. Auto-Technik, Berlin 1926, Heft 1, 4 u. 7. »Zur Umgestaltung des Reichspatentamtes«.

Ebenso merkwürdig ist die Tatsache, daß dem Dipl.-Ing. Rud. Pawlikowski sogar das altbekannte Brennstoffumlaufverfahren nochmals geschützt worden ist. Es handelt sich hier um das D.R.P. Nr. 426004 Kl. 46a Gr. 1 vom 11. 7. 24. Nachstehend ist die Beschreibung dieses Patentes wiedergegeben:

Die Erfindung betrifft ein Verfahren zum Betriebe von Verbrennungskraftmaschinen, bei denen feste, pulverförmige Brennstoffe in innigem Gemisch mit Luft Verwendung finden und ein Zusammenballen, Festsetzen und Anbacken des Pulvers auf dem Wege vom Vorratsbehälter bis zur Verbrauchsstelle dadurch verhütet werden soll, daß das Gemisch beständig oder absatzweise in Bewegung gehalten wird, so daß es nicht zur dauernden Ruhe gelangt und das Pulver nicht aus dem Gemisch zu einer festen oder backenden Masse sich ausscheiden und absetzen kann. Bei bekannten Motoren konnte bisher nicht mit Sicherheit verhütet werden, daß der Brennstoff bei geringer werdendem Verbrauch sich auf dem Wege zur Entnahmestelle anstaute und zusammenpreßte, wobei die beigemischte Luft mehr oder weniger ausgetrieben wurde. Es mußte infolgedessen der Weg vom Vorratsbehälter bis zur Verbrauchs- oder Entnahmestelle möglichst kurz bemessen werden, trotzdem eine gute sichere Lagerung des Vorratsbehälters nahe der Verbrauchsstelle gewöhnlich schwierig ist, da es oft an Platz fehlt.

Durch die Erfindung sollen die schädlichen Folgen aller Stauungswiderstände und Verstopfungen in den Zuführungsleitungen mit Sicherheit vermieden und die Entmischung von Luft und Brennstoffpulver so weitgehend verhütet werden, daß es möglich wird, den Vorratsbehälter je nach den örtlichen Verhältnissen von der Verbrauchsstelle beliebig weit entfernt anzuordnen. Erreicht wird das gemäß der Erfindung dadurch, daß das lockere Gemisch von pulverförmigem Brennstoff in einem Kreislaufe an der Verbrauchs- oder Entnahmestelle vorbeigeführt wird, die daraus nur die jeweilige Verbrauchsmenge entnimmt.

Dabei kann das kreisende Gemisch nicht nur an allen Zylindern oder Verbrennungskammern nur einer Maschine sondern auch an mehreren örtlich voneinander getrennten Maschinen vorbeigeführt werden. Um die Fördermöglichkeit des Pulverluftgemisches auch auf größere Entfernungen zu erreichen, wird das für den Kreislauf bestimmte Gemisch vorteilhaft auf höhere Spannung gebracht.

In den Abb. 77 bis 83 sind mehrere Ausführungsbeispiele von zur Ausübung des neuen Verfahrens geeigneten Vorrichtungen schematisch dargestellt.

Abb. 77 zeigt im senkrechten Schnitt, teilweise in der Ansicht, die Gesamtanlage einer Verbrennungskraftmaschine, der das Brennstoffpulver unmittelbar nach seiner Mahlung, also bei gleichmäßiger Durchsetzung mit einer verhältnismäßig geringen Luftmenge, zugeführt wird.

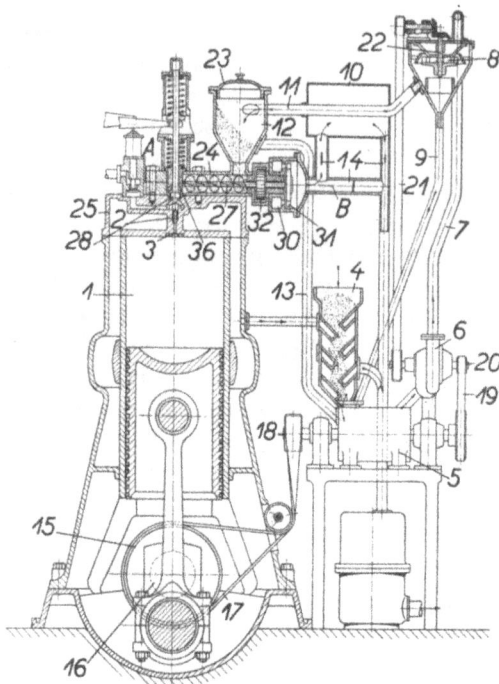

Abb. 77. Pawlikowski 426004.

Abb. 78 ist ein Querschnitt nach der Linie *A—B* der Abb. 77.

Abb. 79 bis 81 stellen verschiedene andere Ausführungsformen von Vorrichtungen zur Erzielung eines Kreislaufes des Brennstoffpulvers dar.

Abb. 82 ist ein Schnitt nach der Linie *C—D* der Abb. 81.

Abb. 83 veranschaulicht im senkrechten Schnitt teilweise in der Ansicht, eine Vorrichtung zur Erzielung eines hochgespannten Kreislaufes.

In der Gesamtansicht Abb. 77 besitzt die Kraftmaschine einen Zylinder *1* mit offener Düse *2*, die gegen den Zylinder zu eine Verengung, beispielsweise Lochplatte *3*, besitzt. Die gegebenenfalls schon vorzerkleinert gelieferte Kohle wird in den Schüttrumpf *4* einer Pulvermühle *5* eingebracht, aus der ein Gebläse *6* den Mahlstaub absaugt und durch Leitung *7* zu einem Windsichter *8* befördert, von dem die groben Teile durch Leitung *9* in die Mühle *5* zurückgelangen, während das genügend feine Staubluftgemisch durch einen Erhitzer *10* und Leitung *11* in einen Vorrats- oder Ausgleichs-

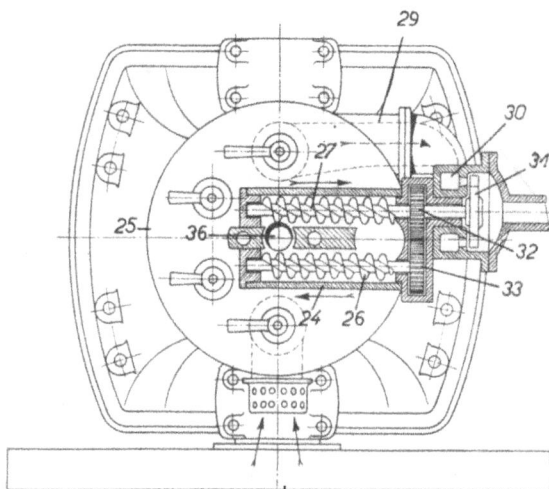

Abb. 78. Pawlikowski 426004.

behälter *12* befördert wird, von wo aus der Überschuß durch Leitung *13* in die Mühle *5* zurückkehrt, so daß der Kreislauf geschlossen ist und

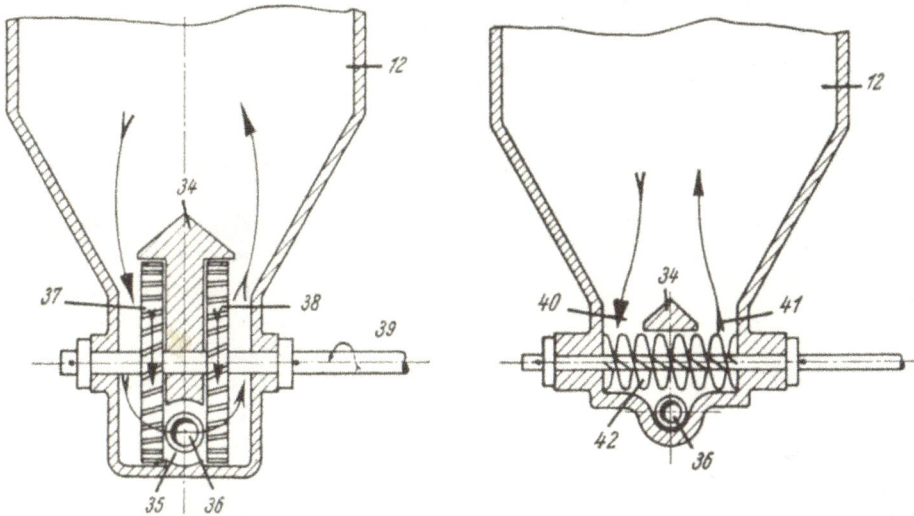

Abb. 79 u. 80. Pawlikowski 426'004.

das Gemisch in beständiger Bewegung bleibt. An Stelle des Gebläses *6* kann auch eine beliebige andere Fördervorrichtung in den Kreislauf eingeschaltet sein, z. B. eine Kolben-, Kapsel- oder Zahnradpumpe. Der Schüttrumpf *4* ist als Vortrockner für die Kohle ausgebildet und kann

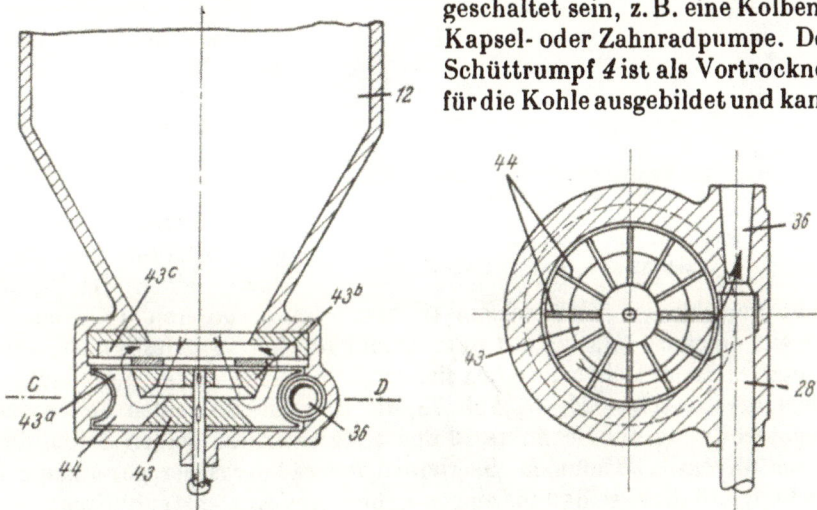

Abb. 81 u. 82. Pawlikowski 426 004.

mit den Abgasen und dem Kühlwasser der Kraftmaschine in geeigneter Weise beheizt werden. Ebenso bildet der Gemischerhitzer *10* eine

Wärmeaustauschvorrichtung, die, wie aus der Zeichnung ersichtlich, mit den Abgasen der Kraftmaschine geheizt werden kann. Beim Durchgang durch den Erhitzer *10* wird das Gemisch vorgewärmt. Diese Vorerhitzung kann bis fast auf die Entzündungstemperatur des Brennstoffpulvers gesteigert werden, so daß das Gemisch beim Eintritt in den Arbeitszylinder *1* sofort entflammt. Mittels der Drosselklappen *14* kann der Zutritt der Abgase zum Erhitzer *10* geregelt und dieser gegebenenfalls ganz ausgeschaltet werden. Der Antrieb der Mühle *5*, des Gebläses *6* und des Windsichters *8* kann beliebig erfolgen, beispielsweise wie in der Zeichnung, durch die Kraftmaschine selbst. Eine Riemenscheibe *15* auf der Kurbelwelle *16* treibt mittels Riemen *17* die Mühlenwelle *18*, die ihrerseits mittels Riemenantriebes *19* die Gebläsewelle *20* antreibt, deren Drehung ein weiterer Riemenantrieb *21* schließlich auf die Windsichterwelle *22* überträgt.

Der Vorrats- oder Ausgleichbehälter *12* ist oben durch einen Deckel *23*

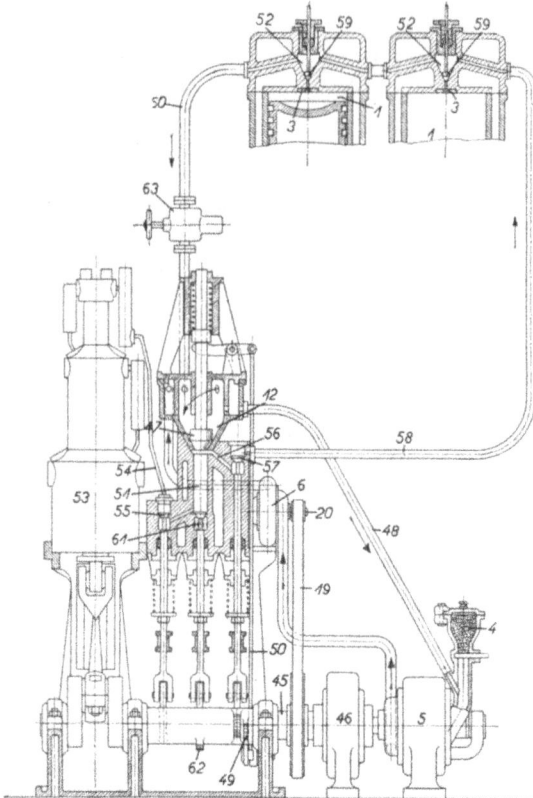

Abb. 83. Pawlikowski 426004.

dicht verschlossen. Mit seinem trichterförmigen unteren Teile ist er auf ein Gehäuse *24*, das auf dem Zylinderdeckel *25* befestigt ist, aufgesetzt. In dem Gehäuse drehen sich zwei einander parallele gegenläufige Schleuderschnecken *26, 27*, Abb. 78, die einerseits zu beiden Seiten der Trichteröffnung des Behälters *12* und andererseits zu beiden Seiten des Düsenfüllventils *28* münden. Sie werden dauernd in rascher, gegenläufiger Drehung erhalten, so daß die eine von ihnen das Kohlenstaubluftgemisch vom Behälter *12* zum Düsenventile *28* und die andere es von hier nach dem Behälter *12* zurückbefördert. Die Schnecken *26, 27* erhalten beliebigen Antrieb, z. B. mittels eines besonderen Elektromotors oder, wie in der Zeichnung, durch eine in die Auspuffleitung *29* eingeschaltete Turbine *30*, deren Laufrad *31* auf der verlängerten einen Schneckenwelle sitzt, die die erhaltene Drehung mittels Stirnrädern *32, 33* überträgt (Abb. 78). Anstatt von den Abgasen der Verbrennungsmaschine kann das Laufrad *31* der Turbine auch von einem anderen Druckmittel, z. B. von der Einblasedruckluft oder von dem unter Druck zuströmenden Kühlwasser, Schmiermittel, Spülmittel od. dgl. getrieben werden. Die Schnecken *26, 27* sind so ausgebildet, daß sie das geförderte Kohlenpulver bei seinem Vorbeigange am Düsenfüllventil *28* kräftig mit Luft durchwirbeln. Sie schleudern infolge der erzeugten Zentrifugalwirkung bei Eröffnung des im Maschinentakte gesteuerten Düsenventils *28* die jeweils erforderliche Menge Brennstoffpulver in die Düse *2* hinein. Ein Anstauen des Brennstoffpulvers und damit ein Verstopfen der Durchgänge ist unmöglich gemacht, weil der zweite Schneckenstrang *27* den jeweils durch das mehr oder weniger öffnende Füllventil *28* nicht in die Düse *2* gelangenden Überschuß an Brennpulver zum Vorratsbehälter *2* zurückbefördert.

In Abb. 77 sind zwei verschiedene Kreisläufe zum Inbewegunghalten des Brennstoffpulvers dargestellt. Der eine Kreislauf geht aus der Mühle *5* durch das Gebläse *6* und die Leitung *7* nach dem Windsichter *8*, von hier weiter durch Leitung *11* zum Vorrats- oder Ausgleichsbehälter *12* an der Entnahmestelle und durch Leitung *13* zur Mühle *5* zurück. Ein zweiter Kreislauf wird durch die Schnecken *26* und *27* zwischen dem Vorratsbehälter *12* und dem Düsenventile *28* aufrechterhalten. Anstatt, wie gezeichnet, mehrere Kreisläufe hintereinanderzuschalten, kann auch nur einer davon angewandt werden. So kann z. B. der Vorrats- oder Ausgleichbehälter *12* unmittelbar über die Düsenfüllöffnung *36* gesetzt werden, so daß der kleine Kreislauf mit den Schnecken *26, 27* weggelassen werden kann. Das Füllen der Düse *2* erfolgt in diesem Falle bei Eröffnung des Düsenventils *28* unter dem Einflusse eines im Behälter *12* herrschenden, durch das Gebläse *6* erzeugten Überdruckes. Man kann aber auch den großen Kreislauf aus der Mühle *5* heraus fortlassen und mit dem durch die Schnecken *26, 27* erzeugten kleinen Kreislauf zwischen Behälter *12* und Füllventil *28* allein arbeiten. Der Behälter *12* dient dann als Vorratsraum und muß je nach seinem Fassungsvermögen von Zeit zu Zeit besonders mit Brennstoff gefüllt werden. Letztere Arbeitsweise ist überall dort möglich, wo die örtlichen Verhältnisse die Anordnung eines genügend großen Vorratsbehälters nahe der Verbrauchsstelle gestatten.

Die Abb. 79 bis 82 zeigen weitere Ausführungsbeispiele von Vorrichtungen zur Erzielung eines solchen kleinen Kreislaufes des Brennstoffpulvers unmittelbar an der Entnahmestelle vorbei.

Bei der Ausführungsform nach Abb. 79 ist im unteren Teile des trichterförmigen Brennstoffbehälters *12* eine Scheidewand *34* eingebaut, die eine Durchtrittsöffnung *35* aufweist. In diesen laternenförmigen Raum *35* mündet die Düsenfüllöffnung *36*, die durch ein nicht gezeichnetes Abschlußorgan im Maschinentakte geschlossen und freigegeben wird. Zu beiden Seiten der Zylinderwand *34* sitzt je ein Schleuderrad *37*, *38* auf einer gemeinsamen Welle *39*, die in beliebiger Weise Antrieb erhält. Das Schleuderrad *37* fördert den aus dem Vorratsbehälter *12* nachdrängenden Brennstoffstaub nach dem Raum *35* und wirft ihn bei Freigabe der Düsenfüllöffnung *36* in einer deren Öffnungsweite und -dauer entsprechenden Menge in die Düse, während der nicht verbrauchte Überschuß vom anderen Schleuderrad *38* erfaßt und wieder in den Vorratsbehälter zurückgeführt wird.

In Abb. 80 sind im unteren Teile des Vorratsbehälters *12* wieder durch Einbauten *34* zwei Kanäle *40*, *41* beiderseits der Düsenfüllöffnung *36* für das Zuströmen und Wegführen des Brennstoffpulvers gebildet worden. Durch eine Schleuderschnecke *42* wird das durch den Kanal *40* kommende Pulver nach der Düsenfüllöffnung *36* gefördert und, soweit es bei der Öffnung des Düsenfüllorgans nicht in die Düse treten konnte, dem Kanal *41* zugeführt, durch den es wieder in den Vorratsbehälter *12* gelangt.

Die Abb. 81 bis 82 zeigen eine Ausführungsform, bei der das Kohlenpulver aus dem Vorratsbehälter *12* auf eine rasch umlaufende Schleuderscheibe *43* gelangt. Infolge entsprechender Schrägstellung der Schaufeln *44* der Schleuderscheibe *43* sowie unter dem Einfluß der Zentrifugalkraft wird das Kohlenpulver nach dem Umfang der sich drehenden Scheibe *43* und durch die Düsenfüllöffnung *36* bei Öffnung des Düsenventils *28* gedrängt. Der Überschuß des geförderten Brennstoffes strömt in der in Abb. 81 eingezeichneten Pfeilrichtung durch die Rückwurfschaufeln *43a* des zweiten Radkörpers *43b* mit Hilfe der feststehenden Diffusorschaufeln *43c* zum Vorratsbehälter *12* zurück.

In Abb. 77 ist der durch das Gebläse *6* erzeugte Kreislauf des Brennpulvers nur an der Düse einer Einzylindermaschine vorbeigeführt. Man kann aber auch sämtliche Düsen oder Verbrennungskammern einer Mehrzylindermaschine oder mehrere Maschinen in den Kreislauf einschalten oder mit diesem eine besondere Abteil- und Zuführvorrichtung speisen, die ihrerseits wieder den Brennstoff den beliebig weit entfernt liegenden Verbrauchsstellen zuführt. Eine solche Anordnung ist in Abb. 83 als Ausführungsbeispiel schematisch dargestellt. Dabei wird das Pulverluftgemisch in der Zuführungsvorrichtung auf hohe Spannung gebracht, so daß auch größere Förderwege überwunden werden können. Der Druck des Gemisches kann derart gesteigert werden, daß er auch zur Überwindung des Kompressionsenddruckes im Arbeitszylinder der Verbrennungsmaschine ausreicht, so daß diese keine besondere Einblaseluftpumpe zu besitzen braucht. Die zweckmäßig vorzerkleinerte Kohle wird wieder in den Schüttrumpf *4* aufgegeben und gelangt von

hier in die Pulvermühle 5, aus der das lockere und infolge des Mahl-
vorganges mit Luft durchsetzte Pulver durch das Gebläse 6 abgesaugt
wird. Die Welle 20 des Gebläses 6 erhält ihren Antrieb mittels Riemenantriebes 19 von der Welle 45 aus, die z. B. von einem Elektromotor 46
aus angetrieben wird. Das Gebläse 6 befördert das Gemisch in einen
als Windsichter ausgebildeten trichterförmigen Vorratsbehälter 12,
dessen unterer Auslauf durch das Ventil 47 abgeschlossen ist.
Der Vorratsbehälter 12 ist durch eine Leitung 48 mit der Mühle 5 verbunden, durch die die abgesichteten gröberen Teile sowie der zuviel
geförderte und nicht verbrauchte Überschuß wieder zur Mühle 5 zurückgeführt wird. Das Ventil 47 wird von der Motorwelle 45 durch Vermittlung eines Nockens 49 und einer Zugstange 50 gesteuert. An die
durch das Ventil 47 verschlossene Auslaßöffnung des Behälters 12
schließt sich ein Aufnahmeraum 51 an, in den beim jedesmaligen Öffnen
des Ventils 47 eine entsprechende Brennstoffmenge eingewirbelt wird.
Der Einlagerungsraum 51 besitzt ein Entlüftungsventil 61, welches vor
dem jeweiligen Öffnen des Füllventils 47 durch Vermittlung eines
Nockens 62 auf der Motorwelle 45 angehoben wird. Im Einlagerungsraum 51 wird das Brennstoffgemisch mittels Preßluft auf hohe Spannung gebracht und dann unter hohem Druck im Kreislauf an den eigentlichen Verbrauchsstellen vorbeigeführt, beispielsweise, wie gezeichnet,
an den Düsen 52 einer Zweizylindermaschine. Die Preßluft zur Herstellung dieses Hochdruckkreislaufes wird in einem Kompressor 53 erzeugt und durch die Leitung 54 dem Einlagerungsraum 51 zugeführt.
Der Eintritt der Preßluft in den Raum 51 wird durch das Ventil 55 gesteuert. In der Auslaßleitung 56 ist ein weiteres gesteuertes Abschlußventil 57 angeordnet, das den Übertritt des hochgespannten Gemisches
aus dem Einlagerungsraum 51 in die zu den einzelnen Zylindern 1 der
Verbrennungsmaschine führende Leitung 58 steuert. Jeder Zylinder 1
besitzt ein gesteuertes, im Hub regelbares Einlaßventil 59. Vom letzten
Arbeitszylinder 1 führt eine Leitung 60 das nicht verbrauchte Gemisch
zum Vorratsbehälter 12 zurück. In der Leitung 60 können Druck-
minderer 63 eingebaut sein, worin der zum Behälter 12 zurückkehrende
Überschuß auf normale Spannung reduziert wird.

Die Wirkungsweise dieser Einrichtung ist folgende: Bei geschlossenen
Ventilen 55 und 57 wird das Füllventil 47 geöffnet und der Einlagerungsraum 51 mit Brennpulver gefüllt. Das Einbringen des Pulvers in den
Raum 51 erfolgt unter dem Einflusse eines im Behälter 12 herrschenden,
vom Gebläse 6 erzeugten Überdruckes. Sobald die genügende Menge
Brennstoffpulver in den Ausnahmeraum 51 eingewirbelt worden ist,
wird das Füllventil 47 geschlossen und dann das Preßluftventil 55 in
der Leitung 54 geöffnet, worauf der Einlagerungsraum 51 mit der Hoch-
druckluft des Kompressors 53 aufgefüllt wird. Diese hochgespannte
Kompressorluft drängt den Inhalt des Einlagerungsraumes 51 durch

das sich nun öffnende Ventil *57* in die Leitung *58*. Nach dem Ausblasen des Raumes *51* schließt sich das Ventil *57* wieder, worauf das Entlüftungsventil *61* geöffnet wird und die Preßluftfüllung des Raumes *51* nach außen entweicht. Dadurch wird der Einlagerungsraum *51* auf atmosphärischen Druck gebracht, so daß er beim folgenden Öffnen des Füllventils *47* durch den im Behälter *12* herrschenden Überdruck leicht mit Brennstoffpulver gefüllt werden kann.

Der in der Leitung *58* erzeugte Druck kann so groß gewählt werden, daß er den Kompressionsenddruck in den Arbeitszylindern *1* überwindet, so daß diese keine besondere Einblaseluftpumpe zu besitzen brauchen. Bei Öffnung der gesteuerten Einblaseventile *59* tritt dann ohne weiteres die der Öffnungsweite und -dauer entsprechende Gemischmenge in die Arbeitszylinder *1* ein. Ein Zusammenpressen des Kohlenpulvers wird durch die Luftbeimischung verhindert. Das Pulver kann sich auch bei hohem Druck und langen Förderwegen niemals in der Förderleitung anstauen und brikettieren, weil bei verminderter Entnahme durch die Verbrauchsstelle der Überschuß immer wieder weiterbewegt und zum Vorrat zurückgeführt wird.

Natürlich kann man auch bei der Einrichtung nach Abb. *83* den Kreislauf aus der Mühle *5*, durch Gebläse *6*, Vorratsbehälter *12* und Leitung *48* weglassen und nur mit dem Hochdruckkreislauf durch die Leitungen *58* und *60* allein arbeiten. Der Vorratsbehälter *12* muß dann wieder besonders mit Brennstoff gefüllt werden.

Die in den Brennstoffkreislauf eingeschalteten Vorbereitungsvorrichtungen für das Kohlenpulver, wie Trockner, Staubmühle, Sichter, Staubabscheider und Erhitzer, können von der Kraftmaschine getrennt in einen besonderen Raum aufgestellt werden, so daß der Kraftmaschinenraum von allen Hilfs- und Vorbereitungsvorrichtungen frei bleibt.

Die Patent-Ansprüche lauten:

1. Verfahren zum Betriebe von Verbrennungskraftmaschinen mit festen, pulverförmigen Brennstoffen, dadurch gekennzeichnet, daß der pulverförmige Brennstoff durch geeignete Fördermittel im Kreislauf an der Verbrauchs- oder Entnahmestelle vorbeigeführt wird, welche daraus die jeweilige Bedarfsmenge entnimmt.

2. Vorrichtung zur Ausführung des Verfahrens nach Anspruch 1, dadurch gekennzeichnet, daß zwischen Brennstoffvorratsbehälter *12* und Düsenfüllstelle *36* zwei entgegengesetzt fördernde Transportmittel *26*, *27* (Abb. 78) angeordnet sind, von denen das eine das Brennstoffpulver aus dem Vorratsbehälter zur Düsenfüllstelle und das andere den nicht verbrauchten Überschuß in den Vorratsbehälter zurückbefördert.

3. Vorrichtung nach Anspruch 1, dadurch gekennzeichnet, daß die zur Erzielung des Kreislaufes dienenden Fördermittel von den

Treibgasen oder von sonstigen Druckmitteln der Verbrennungsmaschine (also z. B. von der Einblaseluft, von den Auspuffgasen oder von dem unter Druck zuströmenden Kühlwasser, dem Schmieröl, der Kolbenwaschflüssigkeit, dem Zylinderspülmittel od. dgl.) angetrieben werden.

4. Verfahren nach Anspruch 1, dadurch gekennzeichnet, daß die Zuführung des Brennstoffpulvers zur Entnahmestelle sogleich nach seiner Mahlung oder Sichtung unter Rückführung der bei der Sichtung ausgeschiedenen gröberen Teile und des jeweils nicht verbrauchten Überschusses in die Mühle erfolgt.

5. Vorrichtung zur Ausführung des Verfahrens nach Anspruch 1 und 4, dadurch gekennzeichnet, daß der gemahlene pulverförmige Brennstoff aus der Staubmühle 5 mittels eines Gebläses 6 oder einer sonstigen Fördervorrichtung in einen Sichter 8 befördert wird, aus dem die groben Bestandteile unmittelbar durch eine Leitung 9 und der gesichtete feine Staub durch eine weitere Leitung 11, 12, 13 an der Entnahmestelle vorbei nach der Mühle 5 zurückbefördert wird.

6. Vorrichtung zur Ausführung des Verfahrens nach Anspruch 1, dadurch gekennzeichnet, daß in den Kreislauf des Brennstoffpulvers (Abb. 77 bis 83) ein Vorrats- oder Ausgleichsbehälter 12 eingeschaltet ist, aus welchem die Verbrauchsstelle beschickt wird.

7. Vorrichtung nach Anspruch 1, dadurch gekennzeichnet, daß das Brennstoffluftgemisch im Kreislauf an mehreren Entnahmestellen vorbeigeführt wird.

Anspruch 1 schützt demnach ganz allgemein das Kohlenstaubumlaufförderverfahren, obschon es längst bekannt war, im Zeitpunkte der Anmeldung am 11. 7. 24. In dem D.R.P. Nr. 299462, Bielefeld, sowohl als in dem D.R.P. Nr. 304141, Bielefeld, ist ganz allgemein von Brennstoff die Rede. Es ist Wortklauberei, wenn behauptet wird, fester pulverförmiger Brennstoff, besonders in der Emulsionsform mit Luft, sei kein Brennstoff im Sinne der beiden Patente. In beiden Anmeldungen war ursprünglich von festen pulverförmigen Brennstoffen gesprochen worden und diese Anmeldungen haben fast allen Motorenfirmen Deutschlands und des Auslandes und vielen Professoren und anderen Fachleuten vorgelegen. Das Umlaufverfahren mit pulverförmigen Stoffen war dadurch öffentlich bekannt geworden, ebenso die Entlüftung oder Entgasung der Düse bei pulverförmigen Brennstoffen. Die Tatsache, daß bei der redaktionellen Änderung der Patentbeschreibung die Worte »feste pulverförmige« gestrichen worden sind, schafft die Tatsache des öffentlichen Bekanntseins nicht aus der Welt. Die beiden Patente sind nicht dem Dipl.-Ing. Rud. Pawlikowski ent-

gegengehalten worden, und sieht man hier wieder die mangelhafte Vorprüfung durch das Reichspatentamt.

Wie aus dem Patent Nr. 417081 hervorgeht, ist die Düse *b* der
Pawlikowskischen Kohlenstaub-Dieselmaschine — »Rupa-Kopu«-Motor
genannt — zu einer Art Vorkammer erweitert. Die Patentlage der
Vorkammer ist heute immer noch nicht geklärt. Eine ausführliche
Darlegung der Lage hat Verfasser in seinem Werke gegeben: »Die
Patente über Vorkammer-Dieselmaschinen«, das im Selbstverlage er-
schienen ist.

Dann folgt die österreichische Patentschrift Nr. 98572 vom 3. April
1923: Dipl.-Ing. Rudolf Pawlikowsky in Görlitz, Verfahren und Einrichtung zum Betriebe von Brennkraftmaschinen und anderen Vorrichtungen mit festen, pulverförmigen Brennstoffen.

Störungsfreier Dauerbetrieb von Brennkraftmaschinen mit festen,
pulverförmigen Brennstoffen, wie Kohlenstaub u. dgl. war bisher nicht
erreichbar. Der pulverförmige Brennstoff bildete im Vorratsbehälter
und auf dem Wege zur Verbrauchsstelle stets mehr oder weniger stark
zusammenbackende, an den Wandungen anhaftende, schwer bewegliche,
klumpige Massen und konnte innerhalb der dafür zur Verfügung stehenden kurzen Zeit meist nicht völlig in dem Verbrennungsraum oder die
Einblasedüse gelangen. Die nicht genügend fein zerteilt in den Verbrennungsraum eintretenden Pulvermassen zündeten schlecht und verbrannten während der außerordentlich kurzen Zeit eines Maschinentaktes nur unvollkommen, so daß sich im Arbeitszylinder als Verbren-
nungsrückstand oft harter Koks und Ascheschichten bildeten, die an
der Zylinderwand festbrannten und zwischen Kolben und Zylinder ein-
drangen, so daß der Kolben häufig festfraß.

Die Erfindung will diese Übelstände beseitigen und benutzt dazu
eine für leichte Förderung, gute Zündung und rasche, vollkommene
Verbrennung wichtige Eigenschaft des Brennstoffstaubes, nämlich die,
mit verhältnismäßig geringer Luftbeimischung eine lockere, leicht bewegliche und gut brennbare Masse zu bilden. Weil gemahlener Kohlenstaub an sich mit etwas Luft durchsetzt ist, braucht nur dafür gesorgt
zu werden, daß diese geringe Luftbeimischung ständig erhalten bleibt,
bzw. immer wieder hergestellt wird, der Kohlenstaub sich also nicht
»setzen«, festlagern und zusammenballen kann. Es ist mit anderen
Worten erforderlich, die Entmischung von Kohlenstaub und Luft auf
dem Wege vom Vorratsraum nach der Verbrauchs- oder Entnahmestelle
zu verhindern, wobei gegebenenfalls noch Luft zugesetzt werden kann.
Das erreicht die Erfindung im wesentlichen dadurch, daß das lockere,
mit einer geringen (zur Verbrennung nicht ausreichenden) Luftmenge
durchsetzte Brennstoffpulver bis zu seinem Zutritt zur Verbrauchsstelle oder Entnahmestelle unabhängig vom jeweiligen Maschinenverbrauch in eine ununterbrochene Bewegung versetzt wird, so daß es

nicht zur Ruhe gelangt, somit die Entmischung von Luft und Pulver und das Absetzen und Zusammenbacken verhindert wird.

Das kann beispielsweise mittels Wurf- oder Schleudervorrichtungen geschehen, die innerhalb des Gemisches rasch umlaufen und Kohlenstaub und Luft immer wieder durcheinanderwirbeln oder ferner auch dadurch, daß das Pulver-Luftgemisch in beständigem Kreislauf an der Verbrauchs- oder Entnahmestelle vorbeigeführt wird, die dem umlaufenden Gemisch den jeweiligen Bedarf absatzweise im Maschinentakte entnimmt. Die Zuführung des Pulverluftgemisches zu den Verbrauchsstellen erfolgt zweckmäßig mittels Druckgefälles zwischen Brennstoffpulvervorrat und Beschickungsraum. Die Schleudermittel, wie schnell umlaufende Schleuderschnecken, Schleuderschrauben, Schleuderräder, Rührflügel, Stocher- oder Wurfvorrichtungen, können ebenfalls die Beförderung des Brennstoffpulvers vom Vorratsbehälter bis zur Einfüllöffnung an der Verbrauchsstelle und in diese hinein übernehmen. Wenn die Schleudermittel nur die Zuführung des Brennstoffes vom Vorrat zur Verbrauchsstelle bewirken, ohne daß für die Weiterleitung oder Rückführung des nicht verbrauchten Pulvers gesorgt wird, müssen sie derart ausgebildet sein, daß sie das zuviel geförderte Pulvergemisch nicht zusammenpressen können. Man erreicht dieses bereits mit Durchbrechungen oder Unterbrechungen der wirksamen Flügelflächen der Schleudervorrichtungen oder indem man diese mit Spiel im Gehäuse umlaufen läßt, damit das Pulverluftgemisch in axialer Richtung soweit zurückströmen kann, als es jeweils durch das mehr oder weniger öffnende Düsenabschlußorgan nicht in die Düse einzutreten vermag. Die gleiche Wirkung kann durch eine so große Flügelsteigung der Schleudermittel erzielt werden, daß die verhältnismäßig geringe Förderwirkung durch den ihr beigeschlossenen Düsenabschlußorgan entgegengesetzten Widerstand aufgehoben wird. Dieses Überwiegen der Schleuderwirkung gegenüber der Förderwirkung ist nicht erforderlich, wenn für Rückführung des zu viel geförderten Brennstoffpulvers zum Vorratsbehälter gesorgt wird, wenn also beispielsweise zwei gegenläufige Fördermittel zwischen Vorrats- und Verbrauchsstelle angeordnet sind, deren eines den Brennstoff vom Vorratsbehälter zur Verbrauchsstelle und deren anderes den nicht verbrauchten Überschuß zum Vorrat zurückgefördert, beide demnach das Pulverluftgemisch in beständigem Kreislauf an der Verbrauchs- oder Entnahmestelle vorbeiführen. Dieser Kreislauf zum Inbewegunghalten des Pulverluftgemisches kann auch durch ein in die ringförmig geschlossene Förderleitung eingebautes Gebläse oder eine sonstige Fördervorrichtung erzielt werden, wobei der Kreislauf an mehreren Verbrauchsstellen (beispielsweise sämtlichen Zylindern einer Mehrzylindermaschine) vorbeigeführt werden kann. Die Zuführung des Staubluftgemisches zu den einzelnen Verbrauchsstellen erfolgt vorzugsweise unmittelbar nach seiner Mahlung und Sichtung, also bei stärkster und gleichmäßigster Durchsetzung mit Luft, unter Rückführung des bei der Sichtung ausgeschiedenen Teiles und des jeweiligen Überschusses in die Mühle. Die Regelung der beim jedesmaligen Öffnen des Abschlußorganes aus dem Vorrat abgeteilten Brennstoffmenge geschieht zweckmäßig durch Änderung der Öffnungsweite oder Öffnungsdauer des Düsenabschlußorganes oder durch ein unmittelbar vor diesem angeordnetes Drosselorgan.

Die Gleichförmigkeit des ununterbrochen in Bewegung erhaltenen Kohleluftgemisches und die vollkommene Trennung der Staubteilchen voneinander sichert leichte und rasche Zündung und gleichmäßig fortschreitende, vollkommene Verbrennung. Um diese mit Sicherheit in der außerordentlich kurzen Zeit, die bei Maschinenbetrieb dazu zur Verfügung steht, zu gewährleisten, wird gemäß der Erfindung im Verbrennungsraume bereits vor dem Eintritt des Kohlenpulvers an dessen Eintrittsstelle eine Flamme gebildet und das Kohlenpulver durch diese hindurch eingeführt. Die Zündflamme kann durch vor dem Kohlenpulver eingeführtes und entzündetes Gas, Zündpulver oder Zündöl erzeugt werden. Die bekannten Zündölsorten bedürfen zwar zur Zündung einer vorherigen Erhitzung auf etwa 300—450°C, brennen also erst bei höherer Temperatur an als die meisten sich bei etwa 120—280°C entzündenden Kohlensorten, dennoch eignen sie sich auch zur Zündung von Kohlenpulver, weil es bei dessen unmittelbaren Verbrennung in Verbrennungskraftmaschinen nicht so sehr auf die Entzündbarkeit, d. h. mehr oder weniger hohe Temperatur beim Anbrennen, sondern mehr auf die Zeitdauer der völligen Verbrennung, also auf die Durchflammungsdauer des Kohlenstaubes ankommt. Indem man das Kohlenpulver beim Eintritt in den Verbrennungsraum durch eine bereits gebildete Flamme hindurchführt, wird seine Entflammungszeit auf den für Maschinenbetrieb geeigneten Betrag abgekürzt.

Infolge der durch die Erfindung erzielten vollkommenen Verbrennung entsteht im Verbrennungsraum nur feinste, leichte Asche, deren Festsetzen an den Wandungen und Eindringen zwischen Kolben und Zylinderwand durch ein dort eingepreßtes Spülmittel beispielsweise Druckluft oder Waschflüssigkeit, gehindert werden kann. Es wird infolge der stets gesicherten Zündung und vollkommenen Verbrennung des Brennstoffstaubes möglich, Dauerbetrieb, und zwar bei gewissen Kohlensorten, beispielsweise Braunkohlenbrikettstaub, auch mit Kohlenstaub allein ohne besonderen Zündstoff, aufrecht zu erhalten. Die Erfindung gestattet auch, die pech- und erdwachsarmen Kohlenrückstände (beispielsweise vom Benzolauskochen, Schwelen, Entgasen o. dgl.) beim Gewinnen der sog. Nebenprodukte, der Kohlenverarbeitung abfallen, als Treibmittel zu verwenden, indem man ihnen die fehlenden, das Zünden erleichternden Schwelstoffe durch den besonderen Zündstoff wieder beifügt.

Das Betriebsverfahren eignet sich sowohl für Verbrennungskraftmaschinen (Kolbenmaschinen und Turbinen) als auch für Vorrichtungen zur Erzeugung von chemischen Verbindungen ohne oder mit Kraftgewinnung.

Die Art der Zündung selbst ist gleichgültig. Ebenso ist es belanglos, ob mit niedriger oder bis zur Entzündungstemperatur des Zünd- oder Treibmittels getriebener Verdichtung im Verbrennungsraum gearbeitet wird.

In den Abb. 84—97 sind zwei zur Ausführung des Verfahrens geeignete Maschinen schematisch dargestellt. Abb. 84 ist ein senkrechter Schnitt durch eine mit Verdichtungszündung arbeitenden Verbrennungskraftmaschine, Abb. 85 ein zu Abb. 84 senkrechter Schnitt durch den Zylinderkopf in größerem Maßstabe; die Abb. 86—89 sind Schnitte durch die Füllorgane in verschiedenen Stellungen; Abb. 90 ist ein Querschnitt nach der gebrochenen Linie A—B der Abb. 84, Abb. 91 zeigt eine Zufuhr- oder Speisevorrichtung (Füllmaschine), die die jeweils aus dem Vorrat in einen Einlagerungsraum abgeteilte Brennstoffmenge einer oder mehreren beliebig weit entfernt angeordneten Verbrauchsstellen zuführt; Abb. 92 ist ein Querschnitt nach der Linie C—D der Abb. 84, Abb. 93 eine Abwickelung der Zylinderlauffläche in der Höhe des Schnittes nach Abb. 92, Abb. 94 ein senkrechter Längsschnitt durch die Spülmittelpumpen und die Abb. 93—97 sind Längsschnitte nach den Linien E—F, G—H und J—K der Abb. 94.

Die in Abb. 84 dargestellte Kraftmaschine besitzt einen Zylinder *2* mit offener Düse *3*, die als Abschluß eine Lochplatte *4* aufweist. Die zerkleinerte Kohle wird in den Schüttrumpf *7* einer Pulvermühle *8* eingebracht, aus der ein Gebläse *9* den Mahlstaub durch eine Leitung *10* zu einem Windsichter *11* befördert, von dem die groben Teile durch eine Leitung *12* in die Mühle *8* zurückfallen, während das genügend feine Staubluftgemisch durch einen Erhitzer *13* und eine Leitung *14* in einen Vorratsbehälter *5* gelangt, aus dem der Überschuß durch eine Leitung *15* in die Mühle *8* zurückkehrt, so daß der Kreislauf geschlossen ist. Die Schüttrumpf *7* ist als Vortrockner ausgebildet und kann mit den Abgasen und dem Kühlwasser der Kraftmaschine beheizt werden. Ebenso ist der Gemischerhitzer *13* eine Wärmeaustauschvorrichtung, die mit den Abgasen der Kraftmaschine betrieben werden kann. Den Antrieb der Mühle, des Gebläses und Windsichters bewirkt zweckmäßig die Kraftmaschine selbst. Eine Riemenscheibe 16 auf der Kurbelwelle *6* treibt mittels Riemen *17* auf die Mühlenwelle *18*, der durch einen Riementrieb *19* die Gebläsewelle *20* treibt, deren Drehung ein Riementrieb *21* auf die Windsichterwelle *22* überträgt. Der mit einem Deckel *23* verschlossene Vorrats- oder Ausgleichbehälter *5* ist auf ein Gehäuse *24* auf den Zylinderdeckel *25* aufgesetzt, das zwei gegenläufige Schnecken *26* und *27* aufnimmt (Abb. 85 u. 96), die einerseits zu beiden Seiten der

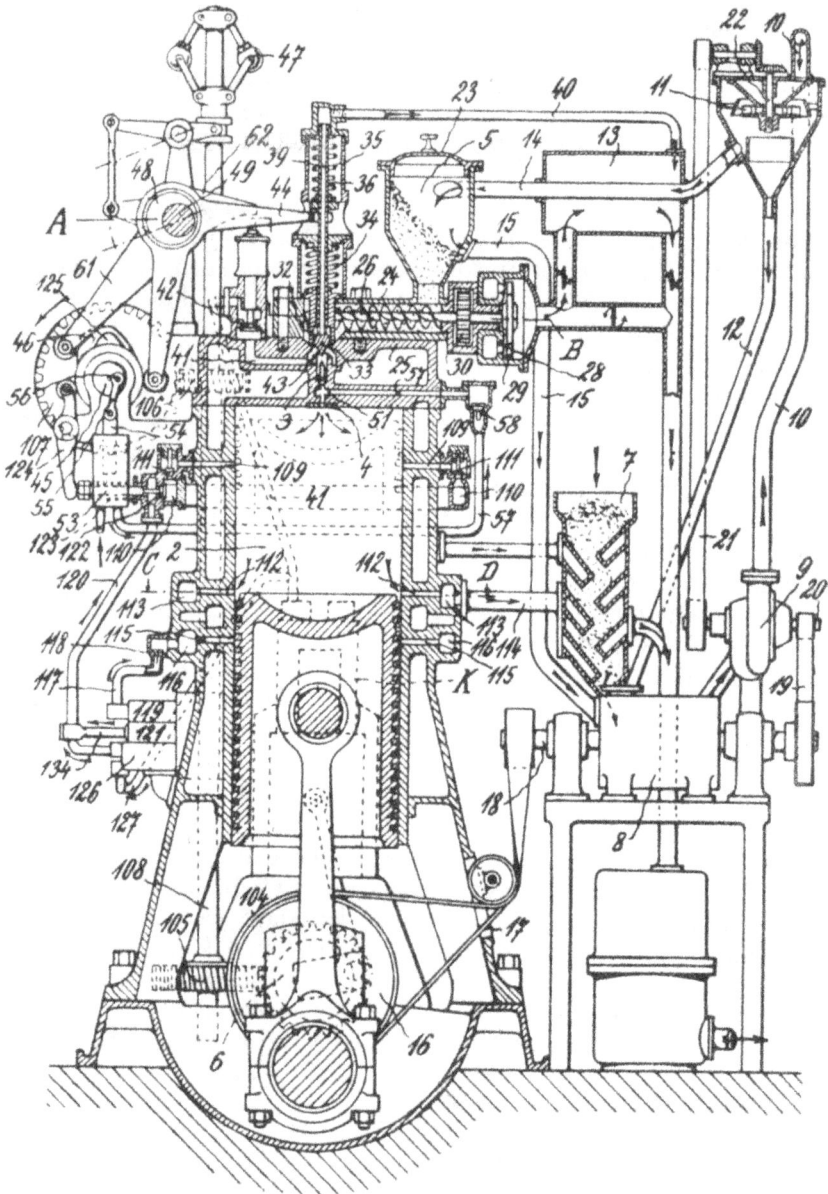

Abb. 84. Pawlikowski, Österr. P. Nr. 98572.

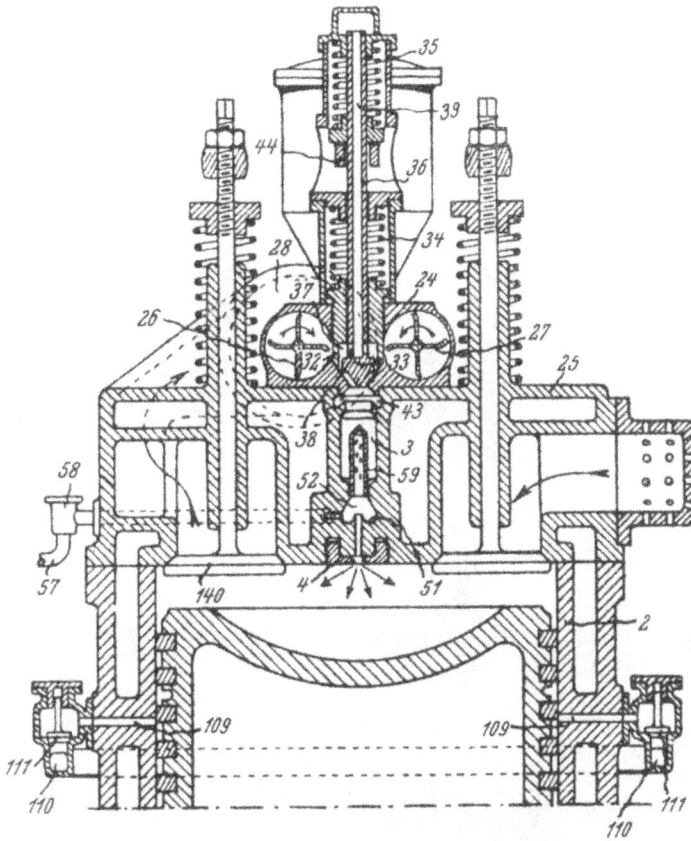

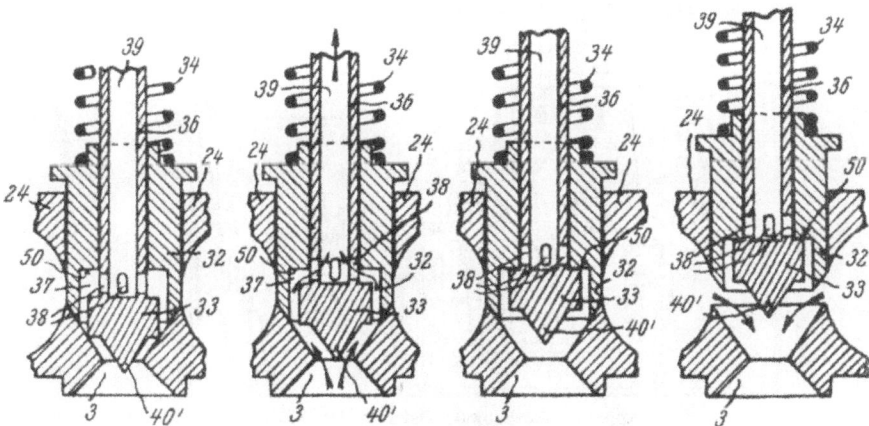

Abb. 85/89. Pawlikowski, Österr. P. Nr. 98572.

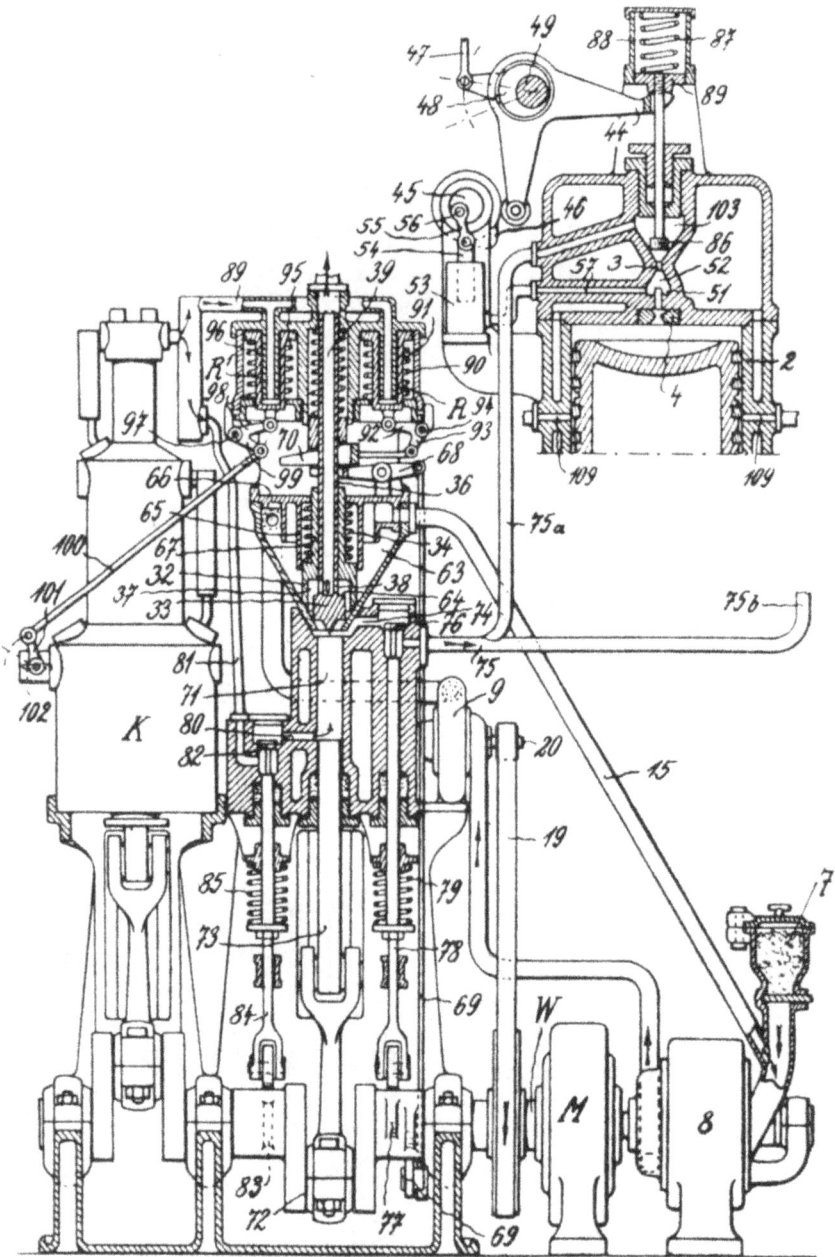

Abb. 91. Pawlikowski, Österr. P. Nr. 98572.

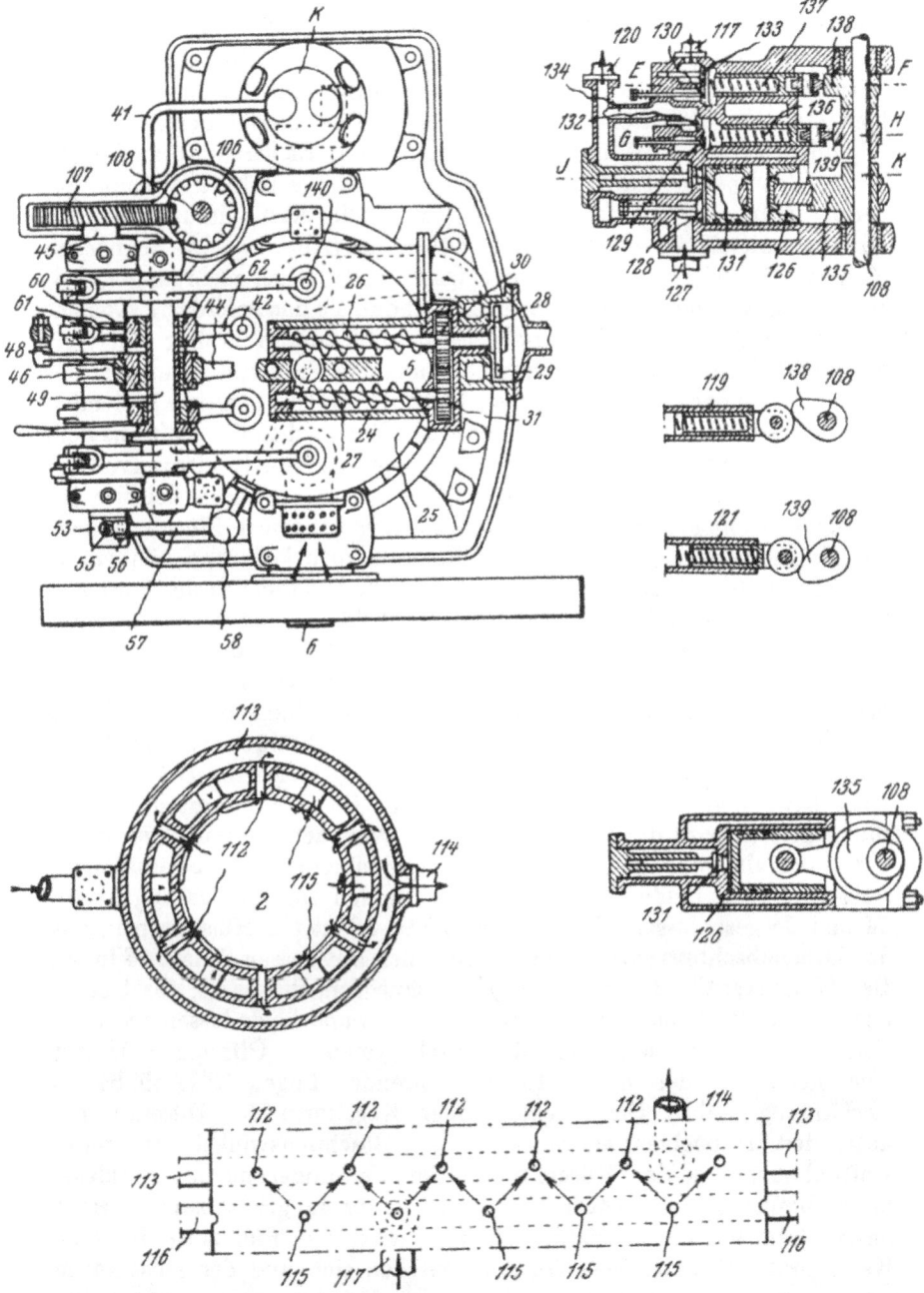

Abb. 90/97. Pawlikowski, Österr. P. Nr. 98572.

Behältermündung 5 und anderseits zu beiden Seiten des Düsenabschluß-
organs enden. Sie werden dauernd durch eine äußere Kraftquelle in
rascher Drehung gehalten, so daß die eine von ihnen das Kohlenstaub-
luftgemisch vom Behälter 5 zum Düsenventile und die andere es von
hier nach dem Behälter 5 zurückbefördert. Der Antrieb der Schnecken
26 und 27 erfolgt beliebig, beispielsweise mittels Elektromotors oder wie
in der Zeichnung, durch eine in den Auspuff geschaltete Turbine 28,
deren Laufrad 29 auf der einen Schneckenwelle sitzt, die die erhaltene
Drehung mittels Stirnräder 30 und 31 überträgt (Abb. 90). Die Schnecken
26 und 27 sind, wie Abb. 85 und Querschnitt zeigt, mehrgängig, beispielsweise viergängig und so ausgebildet, daß sie das geförderte Kohlenpulver bei dessen Zutritt zum Düsenabschlußorgan kräftig mit Luft
durchwirbeln, das Gemisch sozusagen zu einem Pulverluftschaum schlagen. Die Schnecken 26 und 27 dürfen keine bloßen langsam laufenden
Rührvorrichtungen sein, weil sie sonst das Entweichen der Luft aus dem
Gemisch befördern würden. Sie müssen vielmehr im Kohlenpulververluft-
gemisch derart rasch umlaufen, daß die von den Flügeln beiseite ge-
drängten Kohlenteilchen hinter den vorbeigegangenen Flügeln infolge
des Trägheitsvermögens nicht schnell genug zurückströmen können, so
daß hinter den Flügeln ein geringes Vakuum entsteht, in das Luft ein-
strömt, die vom nächsten Flügel mit dem Kohlenpulver vermischt wird.
Der Düsenraum 3 ist vom Schneckengehäuse 24 bzw. dem Brennpulver-
vorrat durch einen doppelten Abschluß getrennt. Die beiden Abschlußorgane werden nacheinander geöffnet und geschlossen, wobei deren
Zwischenraum zum gefahrlosen und völligen Abführen von Preßluftresten, Ventilundichtheiten und zurückschlagenden Abgasen aus der
Düse bzw. dem Verbrennungsraume dient. Bei der dargestellten Ausführungsform wird der Doppelabschluß in besonders vorteilhafter Weise
durch das als Doppelventil 32 und 33 ausgebildete Düsenabschlußorgan
selbst bewirkt. Beide Ventile 32 und 33 werden durch Belastungsfedern
34 und 35 geschlossen. Das äußere Ventil 32 ist ein Hülsenventil, das
das Düsenabschlußventil 33 umgibt und sich mit dessen Schaft 36 führt.
Das Hülsenventil 32 öffnet nach dem Schneckengehäuse 24, das Düsenabschlußventil 33 nach dem Düsenraum 3 zu und beide lassen zwischen
sich einen Ringraum 37 frei, der durch gesteuerte Öffnungen 38 mit
einer ins Freie oder in den Auspuff führenden Bogen 39 (Abb. 84) in
Verbindung steht. Die Trichter- oder Kegelform des Düsenraumes
unter dem Doppelventile entspricht dem Böschungswinkel des Brennstoffpulvers. Um den Düsenraum 3 zur Verminderung des Einblaseluftverbrauches nicht größer zu machen, als für die größte zum Betriebe
nötige Gemischmenge erforderlich ist, besitzt das Füllventil 33 einen
Kegelansatz 40 (Abb. 86—89), der zwischen sich und der Düsenraum
nur den notwendigen Querschnitt für den Durchgang der größten Be-
schickung freiläßt. Der Kegelansatz 40 füllt den schädlichen Raum der

Düse aus, der nicht mit Brennpulver gefüllt werden kann. Die Sitz-breite des Hülsenventils *32* ist möglichst gering und das Düsenabschluß-ventil *33* hat bei konischem Sitz einen scharfkantigen Sitzrand (Abb. 85—89), um jedes Festsetzen des Brennstoffpulvers zwischen Ventil und Sitz zu verhindern. Die scharfen Kanten werden sich zwar im Betriebe etwas abplatten, bleiben aber so schmal, daß der durch die starken Federn *34* und *35* erzeugte hohe Flächendruck genügt, um zwischen den Sitzflächen sich abgesetzte Brennpulverteilchen in der kurzen Zeit des Ventilschlusses seitlich herauszudrücken.

Die Einblasepreßluft tritt durch eine Leitung *41* mit Ventil *42* (Abb. 84) in einen Ringraum oder Kanal *43* (Abb. 84 u. 85), der un-mittelbar am Sitz von *33* mündet, in solcher Richtung in die Düse, daß Kegel und Wand des Düsenabschlußventiles durch die eintretende Preßluft stets von allen Pulveransätzen freigeblasen werden.

Die Steuerung beider Ventile *32* und *33* erfolgt durch den Steuer-hebel *44*, der von der Steuerwelle *45* aus mittels Nockens *46* bewegt wird und beispielsweise am Füllventilschafte *36* angreift. Die Steuer-welle *45* wird in bekannter Weise von der Kurbelwelle *6* mittels Schnek-kenräderpaare *104*, *105* u. *106*, *107* durch die senkrechte Zwischenwelle *108* angetrieben. Die Hubregelung bewirkt der Regeler *47*, der einen den Steuerhebel *14* tragenden Exzenter *48* auf der Welle *49* verdreht. Das Hülsenventil *42* wird beispielsweise durch Anschlag des Düsen-abschlußventiles *33* an seine Schulter *50* mitgenommen.

Der Regeler *47* kann entweder die Hubhöhe des Düsenabschluß-ventiles *33* ändern, wie in der Zeichnung, so daß dieses das Hülsenventil *32* mehr oder weniger weit mitnimmt, oder aber auch bei gleichbleibendem Hube des Ventiles *33* den senkrechten Spielraum zwischen Ventil *33* und Hülsenventil *32* verstellen, wodurch das Hülsenventil *32* früher oder später mitgenommen wird. Statt das Hülsenventil *32* vom Düsen-abschlußventil *33* durch die Schulter *50* mitnehmen zu lassen, können auch beide Ventile *32* und *33* einzeln gesteuert werden.

Der doppelte Abschluß zwischen Brennstoffvorrat und Verbren-nungsraum oder Düse kann auch dadurch erzielt werden, daß vor dem Füllorgan ein zweites Abschlußorgan (Ventil, Schieber o. dgl. in der Brennstoffleitung eingebaut ist, das vor dem Öffnen des Füllorganes geschlossen wird. Die Regelung der Maschine durch das Düsenabschluß-organ *32* und *33* ist vorteilhaft, weil dann infolge der unmittelbar an-schließenden Verbrauchsstelle die veränderte Brennstoffzuführung sich sofort auswirkt.

Die Düse *3* ist mit einer gesteuerten Zündölzuführung versehen. Zur Aufnahme des Zündöles dient ein oben offener Ringkanal *51* in einer Düsenerweiterung *52*. Zugeführt wird das Zündöl durch eine Pumpe *53*, deren Kolben *54* mittels Schubstange *55* von einem Kurbelzapfen *56* der Steuerwelle *45* angetrieben wird. In die Brennstoffleitung *57* ist ein Rückschlagventil *58* eingeschaltet.

Beim Öffnen des Doppelventiles *32* und *33* wird zunächst das Düsenabschlußventil *33* geöffnet (Abb. 87) und die Düse *3* entlüftet, hierauf werden die Öffnungen *38* geschlossen (Abb. 88), worauf beim weiteren Hube des Füllventiles *33* die Eröffnung des Hülsenventiles *32* (Abb. 89) erfolgt. Dabei tritt die notwendige Gemischmenge unter dem Einfluß des Zwischen-Vorratsbehälters und Düsenraum herrschenden Druckgefälles, unterstützt durch die Schleuderwirkungen der Schnecken *26* und *27*, ohne Widerstand in die völlig entlüftete und überdruckfrei gemachte Düse ein. Das Fehlen dieser vollständigen Entlüftung vor Einbringen jeder neuen Füllung verschuldet bei den bisherigen Kohlenstaubmaschinen zum Teil ihren Mißerfolg. Das Gemisch, das durch die Düse *3* eingewirbelt wurde, lagert sich locker um den Siebeinsatz *59* (Abb. 85), durch den es nach Schluß des Doppelventiles *32* und *33* beim Öffnen des Einblaseluftventiles *42* in den Zylinder *2* eingeblasen wird. Das Einblasepreßluftventil *42* wird von der Steuerwelle *45* aus mittels Nockens *60* (Abb. 90) und Steuerhebels *61* und *62* in bekannter Weise gesteuert. Beim Schluß des Doppelventiles *32* und *33* schließt zunächst das Hülsenventil *32* (Abb. 88), um den Gemischvorrat abzusperren, worauf zur Ableitung von Undichtheiten und Rückschlägen aus der Düse *3* und dem Zylinder *2* die Öffnungen *38* wieder freigegeben werden, worauf auch das Düsenabschlußventil *33* sich schließt (Abb. 86). Vor dem Öffnen des Einblaseluftventils *42* oder gleichzeitig damit ist gegebenenfalls auch das Zündöl zugeführt worden. Es wird in der gemeinsamen Einblasedüse *3* oder in einer besonderen Kammer unter geringerem Einblasewiderstand als das Kohlenpulver eingelagert, also beispielsweise wie in der Zeichnung, näher der Düsenmündung und vor dem pulverförmigen Treibstoff her in den Arbeitszylinder *2* eingeblasen, so daß das nachgeblasene Pulver- oder Staubluftgemisch durch die Zündflamme hindurch in den Verbrennungsraum gelangt und rasch und sicher zünden muß.

Zweckmäßig wird die Düse *3* etwas entfernt vom Verbrennungsraum angeordnet und mit diesem durch einen verhältnismäßig langen und engen Austrittskanal verbunden. In dieser engen Bohrung halten sich die heißen Restgase von der letzten Zündung ungekühlt von der frischen, kalten Ladeluft, so daß eine sichere Zündung dann auch ohne Zündmittelflamme gewährleistet ist. Es ist bei dieser Anordnung auch möglich, ohne Einblasepreßluft zu arbeiten, weil die in die heiße Düse eintretende neue Brennstoffladung sich hier sofort entzündet und je nach der vorhandenen Luftmenge teilweise in der Düse verbrennt. Die dabei auftretende Drucksteigerung treibt die nicht verbrannte Düsenfüllung in den Arbeitszylinder. Die einzelnen Einlagerräume für Zündöl und Treibpulver werden zweckmäßig so groß bemessen, daß jeder soviel

Brennstoff aufzunehmen vermag, wie für den vollen Betrieb der Maschine mit ihm allein nötig ist.

Die in Abb. 91 im senkrechten Schnitt dargestellte Füllmaschine ist für Versorgung mehrerer entfernter Verbrauchsstellen mit Kohlenpulvergemisch bestimmt. Bei dieser Anlage werden die Mahlvorrichtungen *8* und alle anderen Einrichtungen durch einen Elektromotor *M* angetrieben. Von der Mühle *8* gelangt das Kohlenstaubluftgemisch durch ein Gebläse *9*, dessen Welle *20* mittels Riemenantriebes *19* angetrieben wird, in einen als Windsichter ausgebildeten Vorratsraum *63*. Der Vorratsbehälter *63* ist unten wieder durch ein Doppelventil *32* und *33* angeschlossen. Der Überschuß an Kohlenpulverluftgemisch wird durch eine Leitung *15* in die Mühle zurückgefördert, so daß auch hier das Gemisch in beständiger Bewegung ist.

Die Einrichtung des Doppelventiles *32* und *33* ist die gleiche wie in den Abb. 84—89. Nur die Steuerung und ihre Regelung sind geändert worden, der Steuerhebel *68* wird von der Welle *W* aus mittels Nockens und Zugstange *69* bewegt. Zur Hubregelung dient ein Keilschieber *70*, der in noch zu beschreibender Weise durch einen Druckregler *R* quer zum Düsenabschlußventilschafte *36* beweglich ist.

Unter dem Doppelventil *32* und *33* schließt sich ein Zylinder *71* an. In ihm wird mittels Druckzapfens *72* ein Verdrängerkolben *73* auf und ab bewegt, der bei seiner Aufwärtsbewegung der Entleerung des Zylinders *71* folgt und bei der Abwärtsbewegung zur Erzeugung des erforderlichen Unterdruckes des Zylinders *71* dient. In der anschließenden Verteilungsleitung *74* und *75* ist ein gesteuertes Absperrventil *76* eingeschaltet, das geschlossen wird, wenn der Verdrängerkolben *73* seine Höchststellung erreicht hat. Die Steuerung des Absperrventiles *76* erfolgt mittels Nockens *77* auf der Welle und Schubstange *78* entgegen der Wirkung seiner Schließfeder *79*. Das Ventil *76* besitzt einen scharfkantigen Sitzrand, um jedes Festpressen von Pulver oder Staub auf dem Sitze zu verhindern. Die Steuerung der Einblasepreßluft kann durch den Verdrängerkolben *73* erfolgen, der die Mündung *80* der Preßluftleitung *81* an seinem unteren Hubende freigibt oder es kann ein gesteuertes Einlaßventil *82* in die Preßluftleitung *81* eingeschaltet sein, das durch einen Nocken *83* auf der Welle *W* und eine Schubstange *84* entgegen der Wirkung einer Schließfeder *85* gesteuert wird.

In Abb. 91 ist von den gespeisten Verbrennungskraftmaschinen nur ein Zylinderkopf *2* dargestellt. Dieser ist an die Zweigleitung *75a* angeschlossen, während eine oder mehrere weitere Abzweige *75b* zu den anderen Zylindern derselben Kraftmaschine oder zu den verschiedenen Maschinen führen.

Jeder Zylinder *2* besitzt ein gesteuertes Einlaßventil *86*, ebenfalls mit scharfem Sitzrand und konischem Sitz. Es wird durch eine Schließfeder *87* geschlossen, die in einem Führungszylinder *88* für den Führungskopf *89* angeordnet ist, unter den der Steuerhebel *44* greift, der von der Steuerwelle *45* mittels Nockens *46* bewegt wird, und unter dem Einfluß eines Reglers *47* steht. Außerdem kann jeder Zylinder noch mit einer Zündölpumpe *53* ausgerüstet sein, die das Zündöl in den Ringkanal *51* der Düsenerweiterung *52* liefert.

Die Füllmaschine (Abb. 91) arbeitet unabhängig von der zu bedienenden Verbrennungskraftmaschine *2* ständig in die Verteilungsleitung *74* und *75*.

Da der Verbrauch von Kohlenstaubluftgemisch an den einzelnen Verbrauchsstellen nicht immer gleich ist und bei Außerbetriebsetzung gleich Null wird, muß dem jeweiligen Gesamtverbrauch entsprechend auch die Förderung durch die Füllmaschine veränderlich sein. Gemäß der Erfindung wird eine selbsttätige Regelung der Zuführung durch die Druckänderungen in den Verteilungsleitungen *75* geschaffen, die bei wechselndem Verbrauch von Brennstoffgemisch entstehen. Erhöht sich nämlich in einer Verteilungsleitung *75* bei übermäßiger Zuführung von Gemisch der Druck, so muß auch der Druck der Einblasepreßluft in *81* entsprechend steigen, um den Widerstand in *75* zu überwinden. An einem Abzweig *89* der Preßluftzuführung sind nun zwei Druckregler *R* und *R₁* angeschlossen, die dauernd unter dem Preßluftdrucke stehen. Der eine von ihnen, *R*, wurde schon oben erwähnt. Sein einerseits unter dem Preßluftdrucke, anderseits unter der Gegenwirkung einer Feder *90* stehender Kolben *91* greift an einem Arme *92* eines Winkelhebels *92* und *93* an, der um einen Bolzen *94* schwingt und mit seinem Arm *93* den Keilschieber *70* erfaßt. Der ebenfalls unter dem Preßluftdrucke und unter dem Gegendrucke einer Feder *95* stehende Kolben *96* des anderen Druckreglers *R₁* wirkt auf einen um einen Bolzen *97* schwingenden Winkelhebel *98* und *99*, dessen Arm *99* durch eine Schubstange *100* mit dem Stellhebel *101* einer Drosselscheibe *102* für die Saugseite des Kompressors *K* derart verbunden ist, daß bei der Bewegung des Kolbens *96* entgegen der Federwirkung die Lufteinsaugung gedrosselt und damit die Kompressorleistung herabgesetzt wird. Anderseits wird der Kolben *91* des Reglers *R* bei seiner Bewegung entgegen der Federwirkung den Keil *70* nach rechts verschieben, so daß der Steuerhebel *68* erst später den Ventilschaft *36* mitnimmt und die Ventile *32* und *33* geringeren Öffnungshub erhalten. Alles das wird eintreten, wenn der Preßluftdruck infolge Stauungen in den Verteilungsleitungen *75* ansteigt. Die Minderung des Ventilhubes hat aber Minderung der in den Zylindern *71* eintretenden Gemischmenge und die Minderung der Kompressorleistung Minderung des Einblaseluftdruckes zur Folge, so daß dementsprechend die Förderung abnimmt.

Der Sicherheit wegen können die Ventilkammern *103* der Einlaßventile *86* auch noch durch Leitungen an die Rückleitung *15* zur Mühle *8* angeschlossen sein. Diese Einrichtung ist, weil bei der dargestellten

Regelvorrichtung nicht unbedingt erforderlich, nicht eingezeichnet. Fällt jedoch die selbsttätige Regelung fort, so muß die genannte Einrichtung vorgesehen sein, um Verstopfungen an den einzelnen Verbrauchsstellen zu verhüten.

Statt der Hubregelung der Ventile *32* und *33* kann auch eine Hubregelung des Verdrängerkolbens *73* benutzt werden, um die jeweils abzuteilende Gemischmenge zu bestimmen. Durch geringes Lüften des Düsenabschlußventiles *33* kann man vollständiges Leerblasen des Zylinders *71* erreichen, wenn das Ausblasen der Kohlenpulverladung beendet ist und der letzte Preßluftrest aus dem schädlichen Raume des Zylinders *71* entfernt werden muß, d. h. aus den Räumen (wie z. B. *74* und *80*), die vom hochgegangenen Verdrängerkolben *73* nicht ausgefüllt werden können. Beim Abwärtsgange erzeugt der Kolben *73* in dem auf atmosphärischem Druck entlüfteten Zylinder *71* einen Unterdruck, der in Verbindung mit dem Überdruck des Kohlenpulvervorratsraumes *63* ein Druckgefälle bildet, durch das der pulverförmige Brennstoff nach Anheben des Hülsenventiles *32* in den Zylinder *71* eingewirbelt wird.

Der Verdrängerkolben *73* kann auch weggelassen werden. Natürlich braucht man dann viel mehr Einblasepreßluft, weil am Ende des Ausblasens der Brennstoffpulverfüllung der Zylinder *71* mit Einblaseluft gefüllt bleibt, die durch *37*, *38* und *39* ins Freie abgelassen werden muß, damit der Zylinder *71* wieder mit Brennpulver beschickt werden kann.

Statt mit den Druckreglern *R* und *R₁* kann die Füllmaschine auch durch ein entsprechend ausgebildetes Gestänge mittels des Fliehkraftreglers *47* der gespeisten Hauptmaschine geregelt werden. Sie kann auch mit der Hauptmaschine zusammen gebaut werden.

Einer der hauptsächlichsten wirtschaftlichen Vorteile der Erfindung ist die Erzielung vollkommener Verbrennung der pulverförmigen Brennstoffe und ihre volle Ausnützung. Zugleich ist damit aber auch der Vorteil verbunden, daß als Rückstand ausschließlich feine, leichte Asche entsteht, die sich mittels eines zwischen Kolben und Zylinderwand eingeführten Spülmittels leicht von den Zylinderwänden entfernen läßt und am Eindringen und Festsetzen zwischen Kolben und Zylinder verhindert werden kann, so daß diese blank bleiben.

Der Zylinder *2* (Abb. 84) besitzt zu diesem Zwecke übereinander drei Kränze vom Kolben überlaufener Bohrungen *109*, *112* und *115*. Der oberste Kranz *109* dieser Bohrungen wird in der oberen Totpunktstellung des Kolbens von mehreren Kolbenringen überlaufen (Abb. 84, gestrichelte Stellung). Alle Bohrungen des Kranzes *109* münden außerhalb des Zylinders unter Einschaltung von Rückschlagventilen *111* in einen Ringkanal *110*. Der mittlere Kranz *112* wird in der unteren Totpunktstellung von dem Kolben freigelegt (Abb. 84, ausgezogene Stellung). Die Bohrungen *112* münden in einen Ringkanal *113*, der durch eine Leitung *114* an den Auspuff, beispielsweise den Heizmantel des Vortrockners *7*, angeschlossen ist. Der unterste Bohrungskranz *115* schließlich bleibt auch in der unteren Totpunktstellung des Kolbens von diesem überdeckt und mündet in einen Ringkanal *116*, der mittels Leitung *117* und der Einschaltung eines Rückschlagventiles *118* an die Druckseite einer Spülmittelpumpe *119* angeschlossen ist. Der oberste Ringkanal *110* steht durch eine Leitung *120* unter Einschaltung eines gesteuerten Absperrventiles *122* mit einer zweiten Spülmittelpumpe *121* in Verbindung. Das Ventil *122* wird entgegen der Wirkung einer Schließ- feder *123* durch einen Steuerhebel *124* geöffnet, der von einem Nocken *125* auf der Steuerwelle *45* bewegt wird.

Außer den beiden Spülmittelpumpen *119* und *121* ist für die Spül- löcher *109* noch eine Luftpumpe *126* vorgesehen. Sie entnimmt vorteil- haft ihre Ansaugluft durch eine Leitung *127* schon unter Druck aus der Einblaseleitung *41* und verdichtet sich noch etwas über den Einblase- luftdruck. Alle drei Pumpen *119*, *121* und *126* besitzen Saugventile *128*, *129* und *130* und Druckventile *131*, *132* und *133* (Abb. 94). Sie er- halten ihren Antrieb von der Zwischenwelle *108* aus durch einen Exzenter *135* (Abb. 97) bei der Luftpumpe *126* und einen Daumen *138* (Abb. 95) bzw. *139* (Abb. 96) bei den Pumpen *121* und *119*. Wie Abb. 93 zeigt, können die Bohrungen *112* und *115* versetzt zueinander ange- ordnet sein.

Die Wirkungsweise der Einrichtung ist folgende: gelangt der Kolben beim Arbeitshube in die untere Totpunktstellung, so werden durch die freigelegten Bohrungen *112* die noch gespannten Verbrennungsgase austreten und dabei alle Rückstände mitreißen, die sich etwa auf dem Kolben oder dem obersten Kolbenringe festgesetzt haben. Preßluft oder Spülflüssigkeit tritt durch die Bohrungen *115* zwischen Zylinderwand und Kolbenringe, bläst oder wäscht diese aus und entweicht mit den Verunreinigungen zusammen durch die Bohrungen *112* in den Auspuff *114* (Abb. 93). Beim Aufwärtsgange des Kolbens schiebt der oberste Kolbenring die an der Zylinderwand etwa noch hängen gebliebenen Rückstände vor sich her. Sobald der Kolben die Höhe der Bohrungen *109* erreicht hat, wird das Ventil *122* geöffnet und der eintretende hoch- gespannte Spülluftstrom bläst nun auch diese Reste durch das Auslaß- ventil *140* (Abb. 90) weg. Die einen höheren Druck als den Verdichtungs- druck besitzende Spülluft, die auch am Ende des Verdichtungshubes zwischen Kolben und Zylinderwand eingepreßt wird, verhindert den Eintritt von festen Bestandteilen zwischen Kolben und Zylinderwand und ihr Festsetzen daselbst. Bevor der Kolben die Bohrungen *109* wieder freigibt, wird das Ventil *122* geschlossen.

Der Spülpreßluft aus der Pumpe *126* kann mittels der Pumpe *121* durch Kanal *134* (Abb. 84 u. 94) etwas Schmieröl zugesetzt werden, das

die Kolbenringe des Kolbens ölt und ihre Fugen und Hohlräume ausfüllt, so daß in diese dann um so weniger Asche eintreten kann.

Wenn man Zweitaktmaschinen mit Auspuffschlitzen nach der Erfindung betreibt, so können die besonderen Spüllöcher *112* (Abb. 84)
wegfallen und an ihrer Stelle die bekannten Auspuffschlitze zum Auslaß des Spülmittels und der Rückstände verwendet werden.

Die Patentansprüche lauten:

I. Verfahren zum Betriebe von Brennkraftmaschinen und anderen
Vorrichtungen mit festen, pulverförmigen Brennstoffen, die durch ein
Druckgefälle und gegebenenfalls durch Schleudervorrichtungen der
Maschine zugeführt werden, dadurch gekennzeichnet, daß der pulverförmige Brennstoff in lockerem, luftdurchsetztem Zustande und
durch das Druckgefälle oder die Schleudermittel vom Pulvervor-
ratsraume bis zur Entnahme- oder Verbrauchsstelle unabhängig vom
jeweiligen Maschinenverbrauch in einer ununterbrochenen, die Entmischung von Luft und Kohlenpulver verhindernden Bewegung erhalten wird.

II. Verfahren nach Anspruch I, dadurch gekennzeichnet, daß vor
dem pulverförmigen Brennstoff ein Zündstoff, z. B. Zündöl o. dgl.,
im gleichen Maschinentakt derart in den Verbrennungsraum eingeführt
wird, daß er an der Eintrittsstelle des Treibpulvers eine Flamme erzeugt,
welche die Entflammungszeit des durch sie hindurchgeblasenen Pulvers
auf einen für Maschinenbetrieb brauchbaren Betrag abkürzt.

III. Verfahren nach Anspruch I, dadurch gekennzeichnet, daß die
Pulverluftgemischmenge in beständigem Kreislauf an den Verbrauchs-
oder Entnahmestellen vorbeigeführt wird, die aus der umlaufenden
Menge nur den jeweiligen Bedarf entnehmen.

IV. Verfahren nach den Ansprüchen I und III, dadurch gekennzeichnet, daß die Zuführung der für den Kreislauf bestimmten Pulverluftgemischmenge zu den Verbrauchs- oder Entnahmestellen unmittelbar nach der Mahlung und Sichtung unter Rückführung des bei der
Sichtung ausgeschiedenen Teiles und des jeweiligen Überschusses in
die Mühle *8* erfolgt.

V. Verfahren nach den Ansprüchen I bis IV, dadurch gekennzeichnet, daß die Regelung der Brennstoffzufuhr durch vom Maschinenregler
veränderliche Öffnungsweite oder Öffnungsdauer des Düsenabschlußorganes (*32, 33*), oder durch ein unmittelbar vor diesem angeordnetes
Drosselorgan o. dgl. erfolgt.

VI. Einrichtung zur Ausführung des Verfahrens nach den Ansprüchen
I und III, dadurch gekennzeichnet, daß zwischen Brennstoffvorratsbehälter *5* und Entnahme- oder Verbrauchsstelle zwei entgegengesetzt
fördernde Transportmittel *26, 27* (Abb. 90) angeordnet sind, deren eines
das Pulverluftgemisch vom Behälter zur Verbrauchs- oder Entnahme-

stelle und deren anderes den nicht verbrauchten Überschuß zum Vorratsbehälter *5* zurückbefördert.

VII. Einrichtung zur Ausführung des Verfahrens nach den Ansprüchen I, III und IV, dadurch gekennzeichnet, daß vorzerkleinerte Kohle, gegebenenfalls unter Einschaltung eines Vortrockners *7*, der Kohlenstaubmühle *8* zugeführt und von dieser der Staub mittels Gebläse *9* in einen Sichter *11* bzw. *63* befördert wird, aus dem die groben Bestandteile unmittelbar und der gesichtete Staub durch einen Erhitzer *13* und an den Verbrauchs- oder Entnahmestellen vorbei nach der Mühle *8* zurückbefördert werden.

VIII. Einrichtung nach Anspruch VII, dadurch gekennzeichnet, daß in dem Kreislauf des Gemisches ein Vorrats- oder Ausgleichsbehälter *5* eingeschaltet ist, aus dem die Verbrauchs- oder Entnahmestellen beschickt werden.

IX. Einrichtung zur Ausführung des Verfahrens nach Anspruch I, dadurch gekennzeichnet, daß zum Inbewegunghalten der Staubluftgemischmenge innerhalb des Gemisches ununterbrochen raschlaufende Schleuderschnecken *26*, *27* (Abb. 84, 85 u. 90), Wurforgane, Rührflügel o. dgl. dienen, die derart gestaltet und angeordnet sind, daß sie das Brennstoffpulverluftgemisch durch das an der Verbrauchsstelle befindliche Füllorgan treiben, aber infolge der Aufrechterhaltung oder Erneuerung einer verhältnismäßig geringen Luftbeimischung das Pulverluftgemisch nicht zusammenpressen können.

X. Einrichtung nach den Ansprüchen VI bis IX und zur Ausführung des Verfahrens nach den Ansprüchen I bis V, dadurch gekennzeichnet, daß der Abschluß des Pulverluftgemischvorrates die in dem Verbrennungsraum *2* oder gegen die zu dessen Einlaßorgan *86* führende Leitung *75* durch zwei hintereinandergeschaltete, nacheinander öffnende bzw. schließende Absperrorgane *32*, *33* erfolgt, deren Zwischenraum *37* mit gesteuertem Auslaß *38* zur gefahrlosen, freien Abführung von aus dem Verbrennungsraum zurückschlagenden Gasen, Preßluftresten und Ventilundichtheiten dient, so daß diese Abgase nach außen entweichen und nicht in den Pulvervorrat hineinschlagen können.

XI. Einrichtung nach Anspruch X, dadurch gekennzeichnet, daß die Abschlußorgane von zwei Ventilen *32*, *33* gebildet werden, von denen das eine *32* unter Belassung eines Zwischenraumes *37* als Hülsenventil das früher öffnende und später schließende Düsenabschlußventil *33* umgibt, das den Abgasauslaß *38* steuert.

XII. Einrichtung nach den Ansprüchen X und XI, dadurch gekennzeichnet, daß das Düsenabschlußventil *33* einen Durchlaß *38* und *39* für die abzuführenden Abgase besitzt, der derart gesteuert wird, daß er bei geöffnetem Hülsenventil *32* geschlossen ist.

XIII. Einrichtung nach den Ansprüchen XI und XII, dadurch
gekennzeichnet, daß das Hülsenventil *32* durch eine Schleppkupplung
mit dem Düsenabschlußventil *33* gekuppelt ist.

XIV. Einrichtung nach den Ansprüchen XI bis XIII, dadurch
gekennzeichnet, daß das Düsenabschlußventil *33* in seinem Hube vom
Maschinenregler *47* beeinflußt wird, somit das den Brennpulverzutritt
freigebende Hülsenventil *32* mehr oder weniger weit öffnet und die
jeweils in die Düse gelangende Brennpulvermenge bestimmt.

XV. Einrichtung zur Ausführung des Verfahrens nach den Ansprüchen I und II, dadurch gekennzeichnet, daß die Einblasedüse *3*
außer dem Einlagerungsraum für das Treibstoffpulver einen eher in
dem Verbrennungsraum entleerbaren (also beispielsweise näher an der
Ausblasemündung angeordneten oder geringeren Ausblasewiderstand
besitzenden Einlagerungsraum *51* für einen Zündstoff (beispielsweise
Zündöl) und Einbauten, Filter, Siebe u. dgl. (*59*, Abb. 85) besitzt, die
verhindern, daß das Treibpulver und der Zündstoff sich in der Düse
mischen, wobei eine für Ölzerstäubung übliche Lochplatte *4* mit einer
oder mehreren feinen Bohrungen zugleich als Zerstäuber für den pulverförmigen Brennstoff dient.

XVI. Einrichtung nach Anspruch XV, dadurch gekennzeichnet,
daß der Düsenraum zwecks Verminderung des Einblaseluftverbrauches
dem Böschungswinkel des Pulverluftgemisches entsprechend kegelförmig gestaltet und das Düsenabschlußventil *33* mit einem Kegelansatz
40 versehen ist, der bei geöffnetem Ventil nur den für den Höchstbedarf
erforderlichen Durchgangsquerschnitt freiläßt (Abb. 86 bis 89).

XVII. Einrichtung nach Anspruch XV, dadurch gekennzeichnet,
daß die Düse *3* erst an ihrer Mündung in den Verbrennungsraum *2* die
Zerstäubervorrichtung *4* besitzt und der Düsenraum von der Zerstäubervorrichtung *4* derart entfernt angeordnet ist, daß die heißen Restgase
zwischen Zerstäuber und Düsenraum die Zündung unterstützen und
gegebenenfalls bereits in der Düse eine Zündung und teilweise Verbrennung der Düsenfüllung bewirken, wobei die dadurch erzeugte Drucksteigerung den nicht verbrannten Düseninhalt mit oder ohne besonders
zugeführte Einblasepreßluft in den Arbeitszylindern *2* überführt.

XVIII. Einrichtung nach den Ansprüchen X bis XIV, dadurch
gekennzeichnet, daß die das Pulverluftgemisch abschließenden Ventile *33*
(Abb. 86 u. 76, Abb. 91) oder ihre Sitze scharfkantige oder derart schmale
Dichtungsränder haben, daß der entstehende hohe spezifische Flächendruck beim Ventilschließen genügt, um zwischen den Dichtungsflächen
abgesetzte Abscheidungen des Brennstoffes während der kurzen Zeit
des Ventilschlusses seitlich hinauszudrücken.

XIX. Einrichtung nach den Ansprüchen X bis XVIII, dadurch
gekennzeichnet, daß die in die Düse eintretende Einblaseluft entlang

dem Sitze des Düsenabschlußventils *33* streicht und Ausscheidungen des Brennstoffes von den Sitzflächen wegbläst.

XX. Einrichtung nach den Ansprüchen X bis XIX, dadurch gekennzeichnet, daß das Düsenabschlußventil *33* durch geringes Lüften nach beendetem Ausblasen der Düse *3* (Abb. 84 bzw. 71, Abb. 91) zum vollständigen Leerblasen der Düse vor der neuen Düsenfüllung dient.

XXI. Einrichtung nach den Ansprüchen VI bis XX, und zur Ausführung des Verfahrens nach den Ansprüchen I bis V zum Speisen einer oder mehrerer Verbrauchsstellen, dadurch gekennzeichnet, daß die Beschickungsmenge für eine oder mehrere Verbrauchsstellen aus dem Kohlenpulverluft-Gemischvorrat periodisch in den Aufnahmeraum *71* einer besonderen Zufuhrvorrichtung abgeteilt und von dieser mittels Preßluft den beliebig weit entfernten Verbrauchsstellen zugeführt wird (Abb. 91).

XXII. Einrichtung nach Anspruch XXI, dadurch gekennzeichnet, daß die zur Erzeugung und Zuführung des hochgespannten Staubluftgemisches dienende Anlage (Füllmaschine) mit den gesteuerten Abschlußorganen für den Einlaß des abgeteilten Kohlenpulverluftgemisches in den Aufnahmeraum *71*, den Einlaß *80* der Einblasepreßluft und den Auslaß *74* des Gemisches dieses absatzweise und unabhängig vom Maschinentakt sämtlichen Arbeitsräumen einer oder mehrerer Verbrennungskraftmaschinen zubläst, wobei diese Einblasungen durch vom Maschinenregler *47* beeinflußte Einlaßorgane *86* an den Verbrauchsstellen der jeweils gebrauchten Kraftleistung angepaßt werden.

XXIII. Einrichtung nach den Ansprüchen XXI und XXII, dadurch gekennzeichnet, daß der Aufnahmeraum *71* für die abgeteilte Kohlenstaubluftgemischmenge zylindrisch ausgebildet und mit einem Verdrängerkolben *73* versehen ist, der so bewegt wird, daß er den Aufnahmeraum *71* während des Ausblasens allmählich ausfüllt und bei seinem Rückgange im Aufnahmeraum *71* einen Unterdruck gegenüber dem Vorratsbehälter *63* erzeugt, so daß nach Öffnung des Abschlußorganes *32, 33* der pulverförmige Brennstoff durch das vorhandene Druckgefälle sicher und vollständig in den Aufnahmeraum *71* eingewirbelt wird.

XXIV. Einrichtung nach Anspruch XXIII, dadurch gekennzeichnet, daß der Kolben *73* den Einblaselufteintritt *80* zum Aufnahmeraum *71* steuert, indem er beim Erreichen einer tiefsten Stellung den Einblaselufteintritt *80* freilegt und ihn bei Beginn des Rückhubes wieder verdeckt.

XXV. Einrichtung nach Anspruch XXIII, dadurch gekennzeichnet, daß der Hub des Verdrängerkolbens *73* regelbar ist, um bei gleichbleibender Zuführung von Brennstoffpulverluftgemisch die Füllungsmenge regeln zu können.

XXVI. Einrichtung nach den Ansprüchen XXI bis XXV, dadurch gekennzeichnet, daß die Anlage (Füllmaschine) den die Einblaseluft erzeugenden, allen Verbrennungszylindern gemeinsamen Kompressor K enthält, wobei auch die Vorbereitungsvorrichtungen für das Brennstoffpulver, wie Trockner 7, Pulvermühle 8, in Sichter 63 in der Anlage vereint sein können, so daß die eigentlichen Verbrennungskraftmaschinen keine Einblaseluftpumpen benötigen und der Kraftmaschinenraum von den Kohlenpulver-Vorbereitungsvorrichtungen freigehalten werden kann.

XXVII. Einrichtung nach den Ansprüchen XXI bis XXVI zur Regelung der Gesamtgemischmenge bei Gruppenversorgung, gekennzeichnet durch zwei an die Preßluftleitung 89 angeschlossenen Druckregler R und R_1, die infolge des durch die Einblaseluft zu überwindenden, von Stauungswiderständen an den Verbrauchsstellen und in den Verteilungsleitungen 75a, 75b herrührenden, wechselnden Überdruckes des Brennstoffeinlaßorgans 32, 33 und die Kompressorleistung beeinflussen.

XXVIII. Einrichtung nach Anspruch XXVII, dadurch gekennzeichnet, daß der das Brennstoffeinlaßorgan 32, 33 beeinflussende Druckregler R ein zwischen dem Ventilsteuerhebel 68 und dem Mitnehmerbunde am Ventilschafte 36 angeordnetes Regelorgan, beispielsweise ein Keilschieber 70, verstellt, während der andere Regler R_1 ein Drosselorgan 102 an der Saugseite des Kompressors beeinflußt.

XXIX. Verfahren zum Verhindern des Eintretens und Festsetzens von festen Verbrennungsrückständen u. dgl. zwischen Kolben und Zylinderwand von nach den Ansprüchen I bis XXVIII betriebenen und ausgeführten Verbrennungskraftmaschinen, dadurch gekennzeichnet, daß unmittelbar zwischen den Gleitflächen von Kolben und Zylinder Preßluft oder Spülflüssigkeit mit einer dem jeweiligen Arbeitszylinderdruck übersteigenden Spannung eingeführt wird.

XXX. Verfahren nach Anspruch XXIX, dadurch gekennzeichnet, daß mit der Spülluft ein Schmiermittel zwischen Kolben und Zylinderwand eingepreßt wird.

XXXI. Einrichtung zur Ausführung des Verfahrens nach Anspruch XXIX, gekennzeichnet durch von Kolben überlaufene Auslässe 112 im Verbrennungszylinder, durch die die Rückstände mittels der Verbrennungsabgase oder des zwischen Kolben und Zylinderwand gepreßten Spülmittels ausgetrieben werden.

XXXII. Einrichtung nach Anspruch XXXI, dadurch gekennzeichnet, daß der Arbeitszylinder 2 zwei Gruppen zweckmäßig versetzt zueinander angeordnete Bohrungen 115 und 112 zur Zuleitung und Abführung des Spülmittels aufweist, an welchen Bohrungen der Kolben vorbeigeführt wird, wobei die zwischen beiden Bohrungsgruppen dauernd oder stoßweise strömende Spülluft oder Waschflüssigkeit die Kolbenringe reinigt.

XXXIII. Einrichtung nach Anspruch XXXII, dadurch gekennzeichnet, daß auch im oberen Teil des Zylinders 2 gesteuerte Spülmitteleinlässe 109 vorgesehen sind, die zu Ende der Aufwärtsbewegung des Kolbens von diesem überlaufen werden, worauf das zuströmende Spülmittel die zwischen die obersten Kolbenringe gelangten Abscheidungen nach dem Zylinderinnern führt.

XXXIV. Einrichtung nach den Ansprüchen 31 bis 33, dadurch gekennzeichnet, daß die Bohrungen 112 für die Abführung des Spülmittels auch als Auslässe für die Abgase dienen.

XXXV. Einrichtung nach den Ansprüchen XXXII bis XXXIV, dadurch gekennzeichnet, daß besondere Spülmittelpumpen 119, 126 für die Einführung des Spülmittels vorgesehen sind, denen das Spülmittel zwecks leichterer Überwindung des im Verbrennungszylinder herrschenden Arbeitsdruckes schon unter Druck zugeführt werden kann.

XXXVI. Einrichtung nach den Ansprüchen XXXI bis XXXIII, dadurch gekennzeichnet, daß die Bohrungen 112 für die Abführung des Spülmittels auch als Auslässe für die Abgase dienen.

XXXVII. Einrichtung nach den Ansprüchen XXXII bis XXXIV, dadurch gekennzeichnet, daß besondere Spülmittelpumpen 119, 126 für die Einführung des Spülmittels vorgesehen sind, denen das Spülmittel zwecks leichterer Überwindung des im Verbrennungszylinder herrschenden Arbeitsdruckes schon unter Druck zugeführt werden kann.

Die Versuche mit Kohlenstaub-Dieselmotoren der Kosmos G. m. b. H., Görlitz in Schlesien.

Dipl.-Ing. Pawlikowski berichtete in seinem Vortrage auf der Hauptversammlung des Vereins Deutscher Ingenieure in Essen am 9. Juni 1928 über die Kohlenstaubmotoren folgendes:

»Gleiche Heizkraft von Öl kostet in Deutschland 5 bis 7mal und selbst im Ölland Amerika 2 bis 4 mal so viel als von Kohle. Man verölt schon im großen die Kohle, um sie in Brennkraftmaschinen nutzbar machen zu können. Der direkte Weg, die Verbrennung im Motor, muß aber der billigste bleiben[1].«

»Die Maschinenfabrik Kosmos in Görlitz hat die Forschungsarbeiten 1911 begonnen, erhielt aber erst 1916 gute Kohlenstaubzündungen und zwar an einem stehenden Einzylinder-Viertakt-MAN-Dieselmotor von 420 mm Bohrung, 630 mm Hub, 160 Touren pro Minute, der für 80 PS

[1]) Das ist noch nicht erwiesen! Es kann möglich sein, daß die Verbrennung von Hochdruck-Bergingas billiger zu stehen kommt, wenigstens für größere Anlagen.

Normalleistung 1906 in Augsburg erbaut worden war. Bis 1916 hatte er in einem chemischen Betrieb als Dieselmotor gedient und sich dabei bereits um ca. 1 mm in der Kolbenseele oben ausgenutzt. Diese Maschine wurde für Kohlenstaubbetrieb umgebaut. Es wurde erreicht, daß sie ohne jeden Absatz von Asche oder Schlacke im Innern der Maschine mit wirtschaftlich erträglicher Abnutzung sich betreiben läßt, allein mit Kohlenstaub oder nur mit Öl oder mit Kohle und Öl. Sie kann noch heute unsere Maschinenfabrik sicher betreiben[1]).«

»Die Maschine erreicht noch heute ihre volle Kompression von ca. 30 at und verbraucht etwa 2000 WE pro PS_e bei Kohle. Sie ist während der 12 Jahre Forschung im Dauerbetrieb gelaufen mit Pulver aus Steinkohle von Oberschlesien, Niederschlesien und Rheinland; mit Braunkohlenstaub aus Mitteldeutschland, Schlesien und Böhmen; mit Torf aus Oberbayern; ferner mit Holzmehl, mit Holzkohle, mit Reishülsenstaub, mit Getreidemehl und sogar mit Hüttenkoks und gemahlenen Heuschrecken[2]).«

»Der Kohlenstaub muß dabei so fein sein, wie auch bei Kohlenstaubfeuerungen von Kesseln und Lokomotiven; um so feiner, je feuchter, gasärmer und aschereicher die Kohle ist. Unsere Forschungen ergaben aber, daß sich auch solche schwer anbrennende Sorten verwenden lassen, wenn man sie durch Zündöl oder billiger durch Zündkohle oder aktivierte Kohle in der kurzen verfügbaren Maschinentaktzeit durchzündet. Auch 16 proz. aschehaltige magere Steinkohle ließ sich gut verwenden, wenn man 80 proz. davon mit 20 proz. Braunkohlenpulver mischt.

Die Maschine wurde mit den genannten Brennstoffen angelassen, an der Bremse und beim Betrieb unserer Maschinenfabrik vorgeführt. Die Maschine leistete mit Kohle max. 120 eff. PS und konnte noch vor kurzem trotz Ausnutzung mit 110 PS abgebremst werden. Das entspricht 7,7 at wirksamem Mitteldruck und bei 80—84 vH mechanischem Nutzeffekt etwa 9,5 at indiziertem Mitteldruck. Als Höchstwerte zeigten sich bei den verschiedensten Kohlen und den verschiedensten der 500 durchforschten Düseneinrichtungen Indikatordiagramme mit 11 bis 11,3 at indiziertem Mitteldruck und nur 3,6 at am Ende der Expansion[3]).«

Die Kohlenwärme wird also ebenso gut, wie im Dieselmotor die Ölwärme in Arbeit umgesetzt. Die festen Kohlenstaubteilchen durchdringen anscheinend die zähe auf 30 at komprimierte Arbeitszylinder-

---

[1]) Nach den bisherigen Beobachtungen kann der Motor höchstens 8 Stunden lang betrieben werden, worauf ein völliger Ausbau erforderlich ist.

[2]) Nach Beobachtungen der Kosmos G. m. b. H. von der Straße her hat der Motor sicher nicht diese Anzahl Betriebsstunden in den 12 Jahren erreicht. Er läuft jetzt nur noch, wenn Besuch kommt.

[3]) Die Zündungen setzen dabei so scharf ein, daß ein Dauerbetrieb dabei unmöglich erscheint.

luft mit größerer Wurfenergie, also tiefer wie die Ölnebeltröpfchen, die dabei verdampfen und zerfasern[1].«

»Die Forschungen haben ergeben, daß man durch geeignete Bauart betriebssicher erreichen kann, daß die Ascheteilchen getrennt voneinander in der Arbeitsluft schweben bleiben ohne zusammenzubacken oder am Kolben und Zylinder, an den Ventilen oder in dem Schleusenraum zu größeren Stücken zusammenzufritten. Sie fliegen mit dem Auspuff ins Freie. Bei 87 PS verbraucht die Maschine stündlich 36 kg Braunkohle, die wir als Staub für 47 Pf. beziehen und die ca. 10 vH = 3600 g Asche enthält. Jeder Zündhub wirft also nur ca. 0,86 g Asche in 100 l Hubvolumen. Der Auspuff zeigt sich frei von jeder brennbaren Substanz und als leichter brauner Rauch. Er hat eine wenig abstehende und 10 m hohe Fabrikwand von 1917 bis heute nicht im geringsten berußt oder geschwärzt. Im Auspuff befindet sich keinerlei Teer, ebensowenig wie im Aböl der Kohlenschmierung.

Über die Bauart ist kurz folgendes zu sagen. Die Aufgabe lautet: Die kleine für den nächsten Hub nötige Kohlenstaubmenge ist sicher vom Regler abzuteilen und in die Arbeitszylinderluft von 30 at Überdruck hineinzuschleudern. Zur Lösung wird vor dem Arbeitszylinder ein Schleusenraum eingebaut; er wird entlüftet, bei Niederdruck mit Kohle gefüllt nach außen abgeschlossen, mit innerem Luftdruck gespannt und nach dem Arbeitszylinder zu ausgeblasen[2].«

Der Überdruck des Schleusenraumes, der die Kohle herauswirft, kann mit Einblasepreßluft oder durch Teilvorzündung im Schleusenraum erreicht werden. Der Schleusenraum läßt sich als geschlossener oder als offene Schleuse ausbilden, also mit oder ohne Ausblaseventil nach dem Arbeitszylinder zu. Beide Arten sind in Görlitz ausgiebig erprobt worden und haben sich bewährt.

Die offene Schleuse ist einfacher und macht sich den günstigen Umstand zunutze, daß in dem zu beschickenden Arbeitszylinder selbst schon der Wechseldruck auftritt, so daß der Unterdruck während der Ansaugeperiode den Schleusenraum mit der abgeteilten Kohlenpulver-Emulsionsmenge beschickt. Die offene Schleuse läßt die Zylinderluft schon während der Kompression zur Schleusenkohle treten. Es wird dadurch eine beträchtliche längere Zeitspanne für die Vorbereitung der Kohle zur Zündung gewonnen. Der neue Kohlenstaubmotor empfiehlt sich daher auch besonders für schnellgehende Typen. Er komprimiert

---

[1] Kohlenstaub ist spez. leichter als Öl, seine Oberfläche ist zerklüftet, seine Reibung in der Luft ist daher größer als bei Öl. Zum Eindringen in die Verbrennungsluft ist daher eine bedeutend größere Energie erforderlich, als bei Öl. Pawlikowski hat Versuche mit größeren Zylinderbohrungen noch nicht aufgestellt. Die Behauptung ist daher mit Vorsicht aufzunehmen.

[2] Es handelt sich hier um das alte Abmeßverfahren von Bielefeld D. R. P. Nr. 299462 und 304141 bzw. Stein D. R. P. Nr. 303934.

im Gegensatz zum Dieselmotor Luft und Brennstoff gleichzeitig und gemeinsam, hält jedoch beide bis zur Zündung getrennt. Er verbessert also das Dieselverfahren in seinem prinzipiellen Fehler, der darin besteht, daß das Öl sofort beim Eintritt in Bruchteilen eines Maschinentaktes erhitzen und auch zünden soll[1]).

»Für die gleichen Vorgänge gewährt der neue Kohlenstaubmotor mindestens einen vollen Maschinentakt, also 10—15mal soviel Zeit. Da er sich auch mit Öl betreiben läßt und bei geeigneter Bauart ohne Einblaseluftpumpe arbeitet, können diese Forschungsergebnisse auch für schnellgehende Ölmotoren bedeutungsvoll werden.

Einige Worte über die Schmierung. Wir sagten uns: Zwischen Zylinder und Kolben kann bei 40 at Zünddruck keine Asche treten, wenn wir reine Preßluft mit etwa 60 at zwischen die Kolbenringe treten lassen und deren Hohlräume damit ausfüllen, kurz bevor die Zündung einsetzt und Asche in den Zylinder kommt. Mit dieser Kolbendichtung arbeitete die 80-PS-Maschine jahrelang gut und sicher. Wir konnten sogar von 1914 bis 1924 noch mit den ersten Kolbenringen dauernd fahren, welche die MAN 1906 in die Maschine eingebaut hatte. Bis dahin nutzte sich die Zylinderseele nur um etwa 2 mm aus. Später haben wir ohne solche Dichtluft die verschiedensten Kolbenschmierungen ausgebildet und auch einfachere Lösungen gefunden. Die Maschine verbraucht naturgemäß mehr Schmieröl als ein Dieselmotor, weil es vorteilhafter ist, durch vermehrte Ölung die Kolben im Betrieb von der eingedrungenen Asche gleichsam abzuwaschen. Das gebrauchte Schmieröl kommt schwarz aus der Maschine, läßt sich aber abschleudern und wieder verwenden. Als Sachverständige einer unserer ersten Maschinenfabriken die Maschine mehrere Tage untersuchten und abbremsten, fanden sie etwa 6 g Schmierölverbrauch und 2000 WE = 0,414 kg Braunkohlenstaubverbrauch pro PS/h bei Normalleistung. Das größte Vorurteil prophezeite der Kohlenstaubmaschine eine unwirtschaftliche schnelle Abnutzung. Wir erprobten deshalb diese 80 PS Forschungsmaschine über 12 Jahre und noch heute[2]).«

»Ihr erster Kolben und ihre Zylinderseele von 1906 arbeitet heute noch ohne Ausbohren. Die Büchse dürfte nach Angaben der MAN nur 120 Brinellhärtegrade besitzen, während man solche heute mit 220—280° Härte auszuführen gelernt hat. Trotzdem hat sie sich während der oft sehr rauhen Forschungszeit nur auf etwa 425 mm oberen Durchmesser

---

[1]) Dieser Fehler ist belanglos, wenn der Brennstoff feinstverteilt wird und die Verbrennungsluft zwangläufig herangebracht wird, wie beim Schnellverbrennungs-Verfahren nach Bielefeld (Gebläsebrenner im Brennraume). Eine solche Dieselmaschine verbrennt auch anstandslos Hochdruckgas, das dem Bergin-Kohleverflüssigungsverfahren abgezapft wird.
[2]) Die Maschine hat aber so selten gelaufen, daß die Angaben wertlos erscheinen!

ausgenützt. Am unteren Ende zeigen sich noch die Herstellungs-Dreh-
riefen bei 420 mm Bohrung. Trotz dieser 5 mm Ausnutzung der Seele
komprimiert die Maschine noch heute auf 30 at und zündet nur durch
Kompressionserhitzung völlig sicher, so daß sie mit Kohle anfährt und
arbeitet. In diesen 12 Forschungsjahren dürfte die Maschine nach vor-
sichtiger Schätzung gegen 9000 Betriebsstunden mit Kohle gelaufen
sein[1]).«

»Die übrige Bauart, das doppelteilige Füllventil, die Regulierung,
der Kohlenstaubkreislauf, die Kohlenstaubvorwärmung durch die Auspuffgase, die einfache Speisung vieler Zylinder durch eine zusätzliche
Füllmaschine kann aus den Patentschriften ersehen werden.

Da durch die Forschungen erwiesen ist, daß man mit etwa 0,5 Pf.
bei Kohlenstaub eine PS/h machen kann, werden gegen Ölbetrieb etwa
1,8 Pf. pro PS/h an Brennstoffkosten erspart. Die Brennstoffkosten des
Ölmotors erniedrigen sich also um etwa 80 vH netto. Das macht bei einer
1000-PS-Maschine und bei 3000 Arbeitsstunden jährlich etwa 50000 M.
Ersparnis. Der Kohlenstaubmotor baut sich nicht wesentlich teurer als
der gleichstarke Ölmotor. Kohlenstaub ist in großen Mengen käuflich[2]).«

IIa. Sonderbrennstoff für Ölmotoren aus Braunkohlenstaub und Schweröl für Brennkraftmaschinen.

Heitmann will nach dem D.R.P. Nr. 411409 Kl. 46d Gruppe 11
vom 29. 11. 23 einen Sonderbrennstoff herstellen. Die Patentschrift
berichtet darüber folgendes:

Die Erfindung betrifft Brennstoffe für Ölmotoren und besteht darin,
daß leicht entzündlicher Braunkohlenstaub schwer flüchtigen, hoch ent-
flammbaren Brennölen in fein verteilter Form zugesetzt wird. Das
Brennstoffgemisch kann zur Erzielung einer haltbaren Gleichmäßigkeit
in der Verteilung von Kohlenstaub im Brennöl unter Zusatz von Emulgierungsmitteln in Emulsionform übergeführt werden.

Es ist bekannt, nicht nur flüssige und gasförmige Brennstoffe in
Brennkraftmaschinen zu verbrennen, sondern auch feste Brennstoffe.
Als die Versuche, feste Brennstoffe motorisch zu verbrennen, fehl-
schlugen, ging man daran, den festen Brennstoffen leicht entzündliche
Stoffe, wie Petroleum, zuzusetzen. Aber auch hiermit konnte kein
praktisch verwertbares Ergebnis erzielt werden, weil man feste Brennstoffe benutzte, die nicht hinlänglich aschefrei im Zylinder des Motors

---

[1]) Die Angabe wird bezweifelt, Belege sind nicht geführt worden!
[2]) Die Anschaffungskosten sind wesentlich erhöht, besonders bei Mahlanlage
am Motor. Bedienung, Schmierung und Verschleiß ergeben erhöhte Betriebskosten.
Da noch keine Anlage in Dauerbetrieb sich befindet, sind genaue Angaben nicht
möglich.

verbrannten. Außergewöhnlich hoher Verschleiß der Zylinder und Verschmutzungen, insbesondere auch der Ventile der Maschinen, waren die Folge der Verwendung solcher festen oder zum Teil festen, zum Teil flüssigen Brennstoffe.

Inzwischen ist die Gewinnung sehr feinen, aschearmen Kohlenstaubes gelungen. Es gibt beispielsweise jetzt in großen Mengen elektrisch gewonnenen Braunkohlenstaub, der einen so hohen Feinheitsgrad hat, daß er durch ein Maschensieb von 6400 Maschen je cm² hindurchgeht. Dieser Kohlenstaub besitzt die Eigenschaften, leicht entzündlich, auch leicht selbst entzündlich zu sein. Das Lagern und Verschicken solchen Kohlenstaubes ist daher mit großen Gefahren verbunden. Es müssen besondere Vorsichtsmaßregeln und Vorkehrungen hierfür getroffen werden. Dieses wirtschaftliche wertvolle Produkt wird heute größtenteils zur Brikettfabrikation oder für Staubkohlenfeuerung verwendet. Es kann indes dank seiner leichten Entzündlichkeit und seiner nahezu rückstandlosen Verbrennung in viel wirtschaftlicherer Weise verwendet werden, wenn es dem gebräuchlichen, flüssigen Brennstoff für Motoren in gleichmäßiger Verteilung beigemischt und im Arbeitszylinder selbst mit verbrannt wird. Durch die Beimengung des Braunkohlenstaubes zum Brennöl wird dem Braunkohlenstaub beim Lagern und Transportieren seine große Entzündungsgefahr genommen.

Eine Schwierigkeit, ein homogenes Brennstoffgemisch dieser Art herzustellen, besteht allerdings in der Verschiedenheit der spezifischen Gewichte von Kohlenstaub und flüssigem Brennstoff. Man kann jedoch den Kohlenstaub viel leichter in dem flüssigen Brennstoff gleichmäßig verteilt in Schwebe halten, wenn man dem Brennstoffgemisch von Brennöl und Kohlenstaub Wasser oder wäßrige Lösungen zwecks Emulgierung zusetzt. Die Emulgierung des Brennstoffes in Gegenwart von Wasser hat eine Erhöhung der Zähflüssigkeit des Brennstoffes zur Folge, und in dieser Form werden die Kohlenstaubteilchen in dem Brennstoff gleichmäßig verteilt gehalten. Es handelt sich hier nicht um das bekannte Emulgieren von Brennstoff und Wasser zum Zwecke, den thermischen Wirkungsgrad der Maschine zu verbessern, sondern darum, feste und flüssige Brennstoffbestandteile in homogenen Zustand zu versetzen und zu erhalten. Gewiß kann man auch durch Rühren oder Zusetzen von Kohlenstaub zum Brennstoff unmittelbar vor seiner Einführung in den Arbeitszylinder eine Mischung von Kohlenstaub und Brennöl herstellen.

Die Patent-Ansprüche lauten:

1. Brennstoff für Ölmotoren, dadurch gekennzeichnet, daß leicht entzündlicher Braunkohlenstaub schwer flüchtigen, hochentflammbaren Brennölen in fein verteilter Form zugesetzt ist.

2. Brennstoff für Ölmotoren nach Anspruch 1, dadurch gekennzeichnet, daß zur Erzielung einer haltbaren Gleichmäßigkeit der Verteilung von Kohlenstaub im Brennöl das Gemisch unter Zusatz von Emulgierungsmitteln in Emulsionsform übergeführt wird.

III. Besondere Einzelheiten des Kohlenstaub-Dieselmotors.

Für die Beurteilung der Kohlenstaub-Dieselmaschine interessiert uns besonders:

1. Die Herstellung des Kohlenpulvers,
2. die Heranschaffung des Kohlenpulvers an die Düse,
3. die Einbringung des Kohlenstaubes in die Düse oder in die Vorkammer,
4. die Verteilung des Kohlenstaubes im Brennraume der Dieselmaschine,
5. die Beseitigung der Asche und
6. die Wirtschaftlichkeit der Anlage.

Im folgenden wird auf diese Einzelheiten eingegangen:

1. Die Herstellung des Kohlenpulvers.

Feinstes Kohlenpulver fällt ab als Nebenprodukt überall dort, wo Kohle verarbeitet wird. In Kohlenverarbeitungsanlagen sind Staubabsaugungen vorgesehen. In den damit verbundenen Staubsammlern wird allerfeinstes Kohlenpulver gewonnen, das natürlich stark mit Gesteinsstaub vermengt ist. Dieser minderwertige Kohlen-Gesteins-Staub ist billig, die in ihm enthaltenen Kohleteilchen sind äußerst klein, enthalten wohl nur wenige Moleküle Kohlenwasserstoff, besitzen eine zerklüftete Angriffsfläche für den Sauerstoff und die Wärme und verbrennen in der langsam laufenden Dieselmaschine anscheinend mehr oder weniger vollkommen.

Eine Anlage zur Herstellung von Kohlenstaub ist sehr verwickelt. In Abb. 98 ist eine solche Anlage schematisch dargestellt. Die Rohkohle muß vorgetrocknet werden und wird in einem Vorratssilo *a* aufgespeichert. Dem Silo *a* wird sie, nachdem sie einen Trockner *a 1*, der durch Auspuffgase beheizt werden kann, durch einen Speiser *b* entnommen und dem Aufgeber *c* der Mühle *d* zugeführt. Der in der Mühle *d* erzeugte Kohlenstaub wird durch einen Ventilator *e* abgesaugt und durch einen Zyklon *f* geleitet, wo schwerere Kohlenteilchen ausgeschieden werden, die zur Mühle zurückfallen. In der Rohkohle enthaltene Eisenteile fallen in den Kasten *g*. Die Luft tritt durch die Stutzen *h* und *i* in die Mühle *d* ein. Das Kohlenpulverluftgemisch wird in den Zyklon *k* gefördert und fällt von dort in einen Silo *l*. Die Luft gelangt durch ein Schlauchfilter *m* ins Freie. Das Kohlenpulver muß jetzt noch gesiebt werden, da ja nur allerfeinstes Kohlenpulver in der Dieselmaschine brennen kann. Vom Silo l gelangt es in eine Siebvorrichtung n, von wo das zu grobe Pulver mittels Ejektordüse o durch Preßluft nach der mühle d zurückgefördert wird. Das brauchbare Pulver wird ebenfalls mittels Preßluft weiterbefördert durch den Ejektor p, gegebenenfalls durch eine chemische Entaschungsanlage p_1, nach dem Silo q. Ein Rührwerk r und ein Zubringer s bringen das Kohlenpulver nach dem

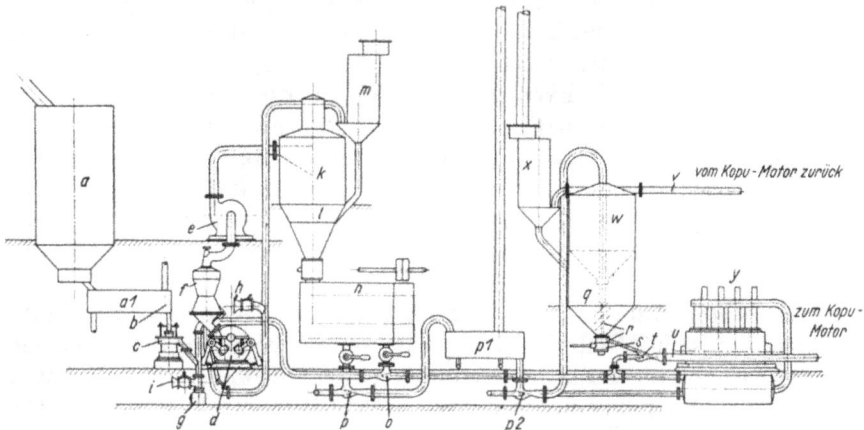

Abb. 98. Mahlanlage etc.

Ejektor t (Kinyon-Pumpe), von wo es durch die Rohrleitung u an den Abmeßvorrichtungen der Dieselmaschine vorbeigeführt wird und durch die Leitung v nach dem Zyklon w hin. Dieser steht wieder durch ein Schlauchfilter x mit der freien Luft in Verbindung. Der Kompressor y liefert die Luft für die Ejektoren p, o und t.

Die Kohlenstaubmahlanlage für eine Dieselmaschinenanlage ist also noch verwickelter als die einer Kohlenstaub-Kesselfeuerungsanlage. Über derartige Anlagen liegen bereits Erfahrungen vor. In der Zeitschrift des Vereins deutscher Ingenieure 1927, Nr. 9, S. 296, wird über eine solche Anlage berichtet:

»Eines der ersten amerikanischen Großkraftwerke, das ausschließlich Kohlenstaub verfeuert, ist das Kraftwerk Cahokia bei St. Louis, das im Oktober 1923 in Betrieb gesetzt wurde. In den $2^1/_2$ Jahren, die danach verflossen sind, hat man viele wertvolle Betriebserfahrungen gemacht[1].« Man verfeuert hier minderwertige Kohlen.

Besondere Schwierigkeiten bereitete es anfänglich, die Kohle genügend zu trocknen; doch gelang es schließlich, durch Verbesserungen an den mit Abgasen geheizten Trocknern den Wassergehalt, der hinter

---

[1]) Power, Bd. 64 (1926), S. 268.

dem Trockner anfangs 11 vH des ursprünglichen Gehaltes der Rohkohle betragen hatte, auf $8^1/_2$ vH herabzusetzen. Eine weitere Nachtrocknung auf 5 vH wurde in den Absaugvorrichtungen der Kohlenstaubmühlen durch Zerkleinerung der Kohlen erreicht, so daß die Feuchtigkeit aus den kleinen Kohlenteilchen, die im Trockner erwärmt wurden, leichter entweichen konnte.

Für die Wirtschaftlichkeit der Anlage ist ferner die Größe der Kohlenstaubmühlen von Bedeutung. Als besonders günstig erwiesen sich Mühlen von 15 bis 20 t/h Leistung. Der Kraftverbrauch für das Mahlen von Kohlen stellte sich nach der Einführung der oben erwähnten Verbesserungen auf 14 kWh, bezogen auf 1 t Kohlenstaub.

Um örtliche Erhitzungen oder Brände der Kohlen zu verhindern, muß man für eine gleichmäßige Bewegung der Kohlen durch den Trockner sorgen. Tote Ecken bergen immer die Gefahr, daß sich dort die Kohlen ansammeln und infolge zu starker Erhitzung und Trocknung in Brand geraten.

Als bester Werkstoff für die Saugventilatorflügel der Kohlenstaubmühlen hat sich Stahl erwiesen; man konnte 3500 bis 5000 t Kohlen vermahlen, ehe die Stahlflügel ersetzt zu werden brauchten. Überzüge aus Gummi, Porzellan und Glas auf Stahl haben nicht befriedigt. Die Krümmer in den Rohrleitungen zum Fortleiten des Kohlenstaubes werden zweckmäßig mit auswechselbaren Verkleidungen aus Gußeisen versehen.

Durch Verbesserungen aller Art ist es gelungen, die Kosten des Kraftverbrauches und des sonstigen Betriebes im Rahmen der üblichen Aufwendungen eines einwandfrei arbeitenden Werkes zu halten. Der Kraftverbrauch, bezogen auf 1 t Rohkohle für das Beschicken der Mühlen, das Mahlen und die Förderung der Kohlen einschließlich des Kraftverbrauches der Ventilatoren und des Luftkompressors, betrug einschließlich weniger als 24 kWh, und die gesamten Kosten der Aufbereitung der Kohle beliefen sich einschließlich der Kosten der Erhaltung auf 1,39 M./t. Die Erhaltung der Kohlenaufbereitung und der Förderanlagen erforderten hierbei 20 vH der gesamten Erhaltungskosten des Werkes.«

In seinem sehr interessanten Vortrage über »Die Kraftstoffe des Verkehrs, ihre Beschaffung und die wirtschaftliche Bedeutung der Druckerhöhung in der Maschine« vor der Brennkrafttechnischen Gesellschaft Berlin am 6. 12. 1927 geht Wa. Ostwald auf den Kohlenstaubdiesel ein[1]. Er führte aus: »Selbst der Kohlediesel würde voraussichtlich Pulverisierung und Entaschung des Kraftstoffs verlangen.« Die Entaschung, die hauptsächlich noch auf chemischem Wege zu erfolgen hat,

---

[1]) Jahrbuch d. Brennkrafttechn. Ges. 1928.

ist eine besondere Anlage für sich, die jedenfalls die ganze Anlage wesentlich verwickelter macht. Es erscheint jedoch richtiger zu sein, den Kohlenstaub vor der Verbrennung im Dieselmotor zu entaschen, als mit Hilfe der Asche Kolben und Laufzylinder zu verschleißen.

Man sieht, daß die Herstellung von Kohlenpulver nicht ungefährlich ist. Es sind bisher nur wenige Anlagen in Betrieb und sind noch nicht alle Gefahrenquellen erforscht. Es ist nämlich eine merkwürdige Erscheinung, daß bei Versuchsanlagen keine Explosionen auftreten, oft selbst dann nicht, wenn man versucht, besonders günstige Vorbedingungen für diese zu schaffen. Bei ausgeführten Anlagen treten dann oft unvermutet schwere Explosionen auf.

Über Mühlen und Siebvorrichtung allgemein haben E. C. Blanc und H. Eckardt ein Werk herausgegeben: »Technologie der Brecher, Mühlen und Siebvorrichtungen«.

2. Die Heranschaffung des Kohlenpulvers an die Düse.

Wie bei der Mahlanlage angegeben, wird der gebrauchsfertige feinste Kohlenstaub mit Hilfe von Preßluft in Umlauf gebracht und bei den Abmeß- oder Einbringevorrichtungen soviel Staub aus dem Umlaufstrome entnommen, als in den Brennraum eingebracht werden soll. In Abb. 99 ist eine derartige Umlauf-Förderanlage getrennt dargestellt. Sie entspricht vollkommen der Abb. 55 des D.R.P. 304141, Bielefeld. Der Umlauf wird durch eine Luftpumpe a erzielt, die Luft nach dem Ejektor b drückt. Im Ejektor b wird Kohlenstaub durch eine Förderschnecke c, die ihn aus dem Silo d entnimmt, in den Luftstrom gebracht und eine Emulsion aus Kohlen-

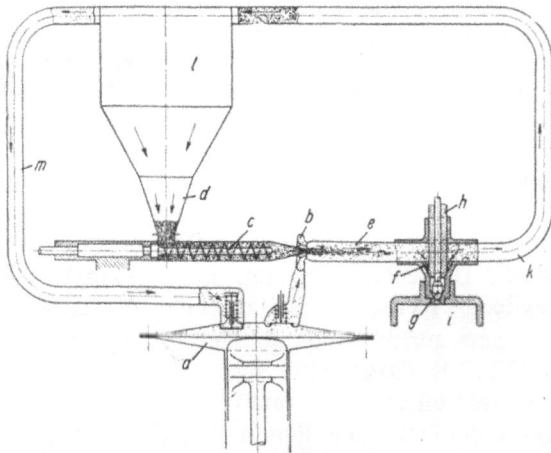

Abb. 99. Umlauf-Förderanlage.

pulver und Luft hergestellt, die durch die Leitung e an den Abmeßstellen f abgelagert und durch das Doppelventil g und h nach den Abb. 7 bis 11 der Vorkammer i zugeführt. Die nicht verbrauchte Emulsion gelangt durch die Rohrleitung k in den Zyklon l und von dort in den Silo d zurück. Die noch staubhaltige Luft kann durch die Leitung m zur Luftpumpe a zurückgesaugt werden.

Als Luftpumpe eignet sich am besten die Bauart von Henry Corblin, Paris, Abb. 100. Diese beruht auf der Verwendung einer federnden Metallscheibe im Zylinderdeckel, die zwischen zwei kreisförmigen Platten eingekeilt ist und auf beiden Seiten in einer konischen Aussparung schwingt.

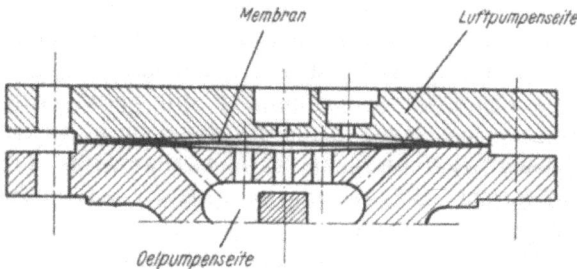

Abb. 100. Corblin-Pumpe.

Durch die Schwingungen dieser Scheibe wird (durch Vermittlung von Ventilklappen, die in einer Platte angebracht sind) das Gas angesaugt, und zwar ohne mit Schmierstoff oder sonstigen Verunreinigungen in Berührung zu kommen. Die schwingende Scheibe wird durch einen Kolben betätigt, der sich in dem mit Öl gefüllten Zylinder hin und her bewegt, und zwar tritt das Öl von dem Zylinder aus durch die Öffnungen der jeweils in Betracht kommenden Kreisplatte in die beiderseitige konische Aussparung ein. Das zwischen Kolben und Zylinder austretende Öl wird durch eine kleine Ausgleichpumpe ersetzt und hierdurch wird die schwingende Scheibe auf die Kreisplatte mit den Ventilklappen fest aufgelegt, so, daß jeder schädliche Raum fortfällt.

Da der Kompressor nicht geölt zu werden braucht, sind die schwer zu bedienenden und nie gut funktionierenden Ölabscheider überflüssig. Vor allem aber fällt die bei den üblichen Kompressoren so häufig Betriebsstörungen verursachende Verschmutzung der Ventile, Hähne und Rohrleitungen fort.

Durch den Wegfall der Stopfbüchse wird jeder Gasverlust (und hiermit eine weitere Komplizierung des Betriebes) vermieden. Der gleiche Umstand, im Verein mit der minimalen Reibung des in Öl beweglichen Kolbens, führt zu einer erheblichen Krafterparnis.

Eine andere Umlaufanlage für eine Kohlenpulver-Luftemulsion ist in Abb. 101 dargestellt. Sie entspricht völlig der Anlage nach Abb. 99, nur wird von dem Silo n aus das verbrauchte Kohlenpulver der Schnecke c neu zugeführt. Die Regulierfähigkeit der Maschine hängt ab von der gleichmäßigen Zusammensetzung der Emulsion in der Umlaufleitung, besonders in der Nähe der Abnahmestellen f an der Maschine. Ist die Emulsion ungleichmäßig, so kann natürlich die Maschine nicht einwandfrei regeln. In Abb. 99 ist beispielsweise an der Abnahmestelle f ein Sackraum angeordnet, in den sich Kohlenpulver aus der umströmenden Emulsion absetzen kann, so daß ab und zu mehr Kohlenpulver abgenommen wird als Luft. Ist der Raum aber zufälligerweise leer, so kommt verhältnismäßig mehr Luft als Kohlenstaub in die Vorkammer und die

Maschine verliert an Umdrehungen. In Abb. 101 ist dieser Sackraum ganz vermieden, wie das bereits bei den Anordnungen nach den Abb. 53

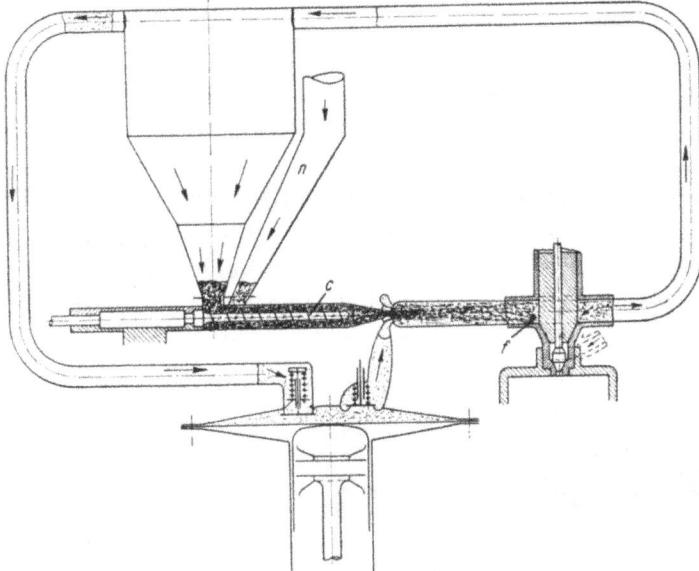

Abb. 101. Umlauf mit Zusatz.

bis 58 der Fall war, es muß hier also immer eine gleichartig zusammengesetzte Emulsion umlaufen.

Es muß noch eingehend erprobt werden, ob die alte Zuführung vom möglichst luftfreien Kohlenpulver zu der Einbringevorrichtung gegebenfalls in zeitgemäßer Ausführung oder das vorstehend beschriebene Umlaufverfahren die bessere Regulierung ermöglicht.

3. Die Einbringung des Kohlenstaubes in die Düse oder in die Vorkammer.

Der Kohlenstaub gelangt bei Viertaktmaschinen infolge des Unterdrucks in der Vorkammer, Abb. 102, in diese hinein. Unterstützt werden kann das Einbringen durch einen geringen Überdruck in den Umlaufleitungen nach Abb. 99 und 101. Er kann natürlich auch nach Abb. 53 bis 58 in einem besonderen Raume abgemessen werden und durch Preßluft in die Vorkammer oder in den Brennraum gebracht werden. Auch die zuerst beschriebene Anordnung, Einlagern des Kohlenpulvers durch die

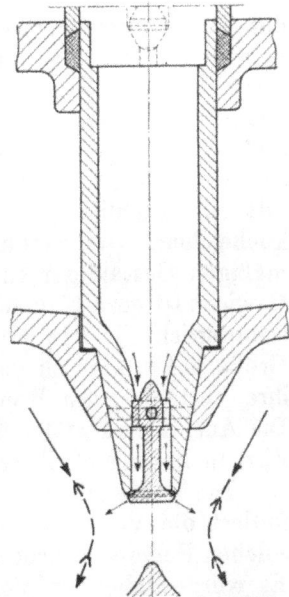

Abb. 102. Bielefeld, Konstruktion der Kopu-Vorkammer.

Saugwirkung im Arbeitszylinder, war bereits in der Uranmeldung beschrieben, die zu dem D.R.P. Nr. 304141, Bielefeld, geführt hat. Bei
Zweitaktmaschinen wird entweder die Förderung durch Preßluft oder
die Anwendung einer Steuerung an der Vorkammer, die eine Verbindung
mit irgendeinem Saugraume herstellt, in Frage kommen. Es kann dabei
nach Abb. 21 bis 23 das Verbindungsloch zwischen Vorkammer und
eigentlichem Brennraume zeitweilig abgesperrt oder gedrosselt werden.

4. Die Verteilung des Kohlenpulvers im Brennraume der Diesel-Maschine.

In der Vorkammer *e* nach den Abb. 23 und 102 wird das Kohlenpulver schwebend und durch die von dem Verdichtungsraume einströ-
mende Luft in Umwälzung gehalten, dabei wird es vorgewärmt und
fängt es bereits an zu schwelen. Zu Ende der Verdichtung entflammt

$10/_{500mm}$　　　　$5/_{500mm}$　　　　$1/_{500mm}$

Abb. 103/105.　Kohlenstaubteilchen.

das Kohlenpulver, soweit genügend Sauerstoff in der Vorkammer vorhanden ist. Es entsteht in der Vorkammer eine Drucksteigerung. Sie
bewirkt ein Ausblasen des Kammerinhaltes nach dem Brennraume.
Die in der Vorkammer entstehende Drucksteigerung muß beträchtlicher
sein als die bei Vorkammer-Dieselmaschinen mit reinem Ölbetrieb
übliche, da für den Transport der Kohlenteilchen in der Verbrennungsluft ein erheblich größerer Kraftaufwand erforderlich ist als bei Öl-
küchelchen. Die Reibung des Kohlenstaubes ist infolge der unregel-
mäßigen Gestalt der einzelnen Kohleteilchen groß und das spezifische
Gewicht ist gering, daher ist eine erhebliche Energie zu ihrer Verteilung
erforderlich. In den Abb. 103 bis 105 sind Staubteilchen verschiedener
Größe mikroskopisch vergrößert dargestellt. Man sieht leicht ein, daß
ihre Verteilung im Brennraume einer Dieselmaschine nicht leicht ist.
Die Ausführung größerer Zylindereinheiten für den Kohlenstaubbetrieb
wird nicht so einfach sein.

Die gebräuchliche Ausführung des Kohlenstaub-Dieselmotors erfordert die Verwendung allerfeinsten Kohlenstaubes. Die Herstellung
solchen Pulvers ist bedeutend kostspieliger, als die von gröberem Staube.
Es würde daher ein Vorteil sein, wenn man den gröberen Staub verwenden könnte. Bei sehr langsam laugenden Maschinen dürfte dies

möglich sein, wenn man das Tornado-Prinzip anwendet, das bei den Brunnenbrennern für Kohlenstaub bei Kesselanlagen der Fuller-Lehigh Co., Fullerton, U. S. A., angewendet wird. In den Abb. 106 und 107 ist der Brennraum einer solchen Maschine dargestellt. Es sind vier Vor-kammern angeordnet, die tangential in den brunnen-förmigen Brennraum münden. Damit ein ge-ordneter Umlauf von Luft- und Brenngasen im Brenn-raume eintritt, ist in ihm eine ringförmige Wand eingebaut. Durch das Her-umwirbeln des Staubes wird sein Weg im Brenn-raume wesentlich ver-größert und damit die Brennzeit erhöht, so daß er vollständig verbrennt.

Über die Verteilung von Brennstoffstaub bei Druckzerstäubung im Brennraume einer Diesel-maschine hat man in neue-rer Zeit theoretische und praktische Versuche auf-gestellt. Eine Zusammen-stellung dieser Versuche hat Dr. Saß (A.E.G.) in einem Vortrage im Ham-burger Bezirks-Verein Deutscher Ingenieure am 8. Dezember 1926 ge-geben. Er führte aus:

»In erster Linie inte-ressiert die Frage, wie ein Flüssigkeitsstrahl aus-sieht, der unter hohem Druck in einen mit verdichteten Gasen ange-füllten Raum hineingespritzt wird. Man war sich über die richtige Antwort auf diese Frage bis vor kurzem nicht einig: so glaubt Riehm (Z. d. V. d. I. 24, S. 641) auf Grund von Spritzversuchen in einem mit verdichteter Luft angefüllten Gefäß und Messung des vom Brennstoff-strahl ausgeübten dynamischen Druckes annehmen zu müssen, daß der Brennstoffstrahl sich nicht sogleich beim Austritt aus der Düse zerteile,

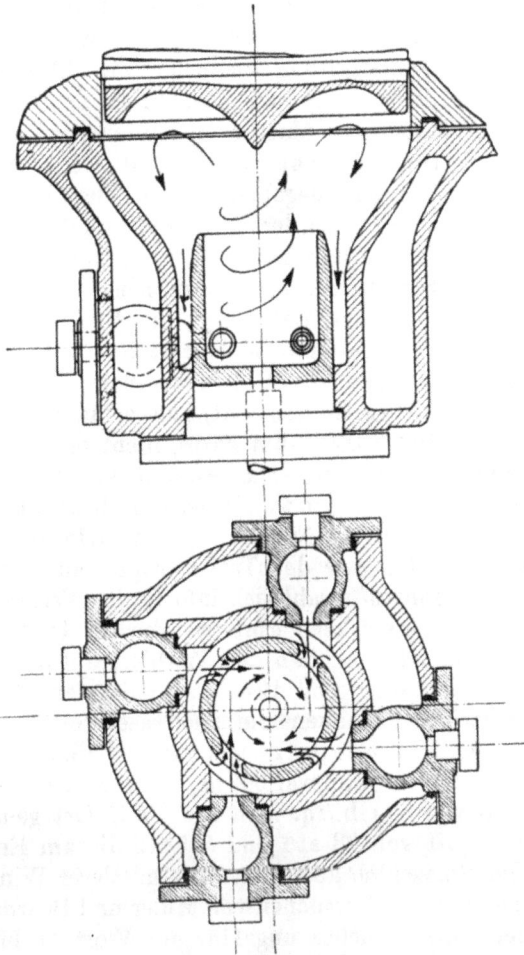

Abb. 106/107. Bielefeld-Tornado.

sondern noch auf eine längere Strecke ziemlich geschlossen bleibe.
Triebnigg (Der Einblase- und Einspritzvorgang bei Dieselmaschinen,
Wien 1925) hingegen kommt auf Grund theoretischer Überlegungen zu
der Ansicht, daß der Brennstoffstrahl schon in ganz geringem, nach
einigen Millimetern zählendem Abstande von der Düse zu zerfallen
beginne und sich sogleich kegelig erweitere. Wie die kürzlich veröffentlichten interessanten Versuche von Miller und Beardsley (Spray Pene-
tration with a simple Fuel Injection Nozzle, Washington 1926, vgl.
auch Robertson Matthews, Atomization abtained in Fuel Nozzles of
Solid Injection Oil Engines, »Power« vom 13. 10. 25) zeigen, muß
Triebnigg recht gegeben werden: der Brennstoffstrahl zerfällt sogleich
beim Austritt aus der Düse und bildet einen Kegel mit einem Spitzen-
winkel, dessen Größe von der Dichte des Mediums, in das der Strahl
eingespritzt wird, abzuhängen scheint. Allerdings wurden die Versuche
von Miller und Beardsley mit Stickstoff von (anscheinend) Raum-
temperatur statt mit hoch erhitzter verdichteter Luft gemacht, um jede
Zündung sicher zu vermeiden; auch sind über die Düsenbohrung keine
näheren Angaben gemacht, man erfährt nur, daß sie einen Durchmesser
von $0,015'' = 0,381$ mm hatte, nicht aber, welches Verhältnis von Loch-
länge zu Durchmesser angewandt wurde, ob die Düsenkanten gebrochen
waren oder nicht usw. Ferner muß bedacht werden, daß in der Maschine
die Treibölstrahl-Nebelteilchen alsbald zu brennen anfangen, wodurch
der Durchmesser der Treiböltröpfchenkerne sich vermindert, während
der Brennstoffstrahl sich infolge der Verbrennung verbundenen Drucksteigerung stärker verbreitern dürfte. Im allgemeinen aber ist kaum ein
Zweifel möglich, daß der Treibölstrahl auch in der Maschine ungefähr
die von Miller und Breadsley gefundene Form hat, die mit Hilfe des
elektrischen Funkens auf einer rasch rotierenden Trommel aufgenommen
wurde. Der Einspritzdruck hat 8000 lb./sq. inch betragen und der Druck
im Einspritzgefäß war 300 lb./sq. inch. Hierbei ist zu beachten, daß Stickstoff von 300 lb./sq. inch und 20° C fast genau die doppelte Dichte hat
wie Luft von 28 atü und 525° C, die am Ende der Verdichtung in der
Dieselmaschine auftreten. Als mittlerer Winkel der Kegelspitze scheint
man aus den Versuchen von Miller und Beardsley bei Stickstoff von etwa
der halben Dichte ungefähr der Wert 17 bis 20° schätzen zu können.
Man erkennt, daß der Brennstoffstrahl sich in einiger Entfernung von
der Düse zu einer »Krone« von ansehnlichem Durchmesser entwickelt
hat. (Ohne daß eine Verbrennung stattgefunden hat! Der Verfasser.)
    Eine für die bauliche Ausgestaltung des Brennraumes der kompres-
sorlosen Dieselmotoren äußerst wichtige Frage ist, wie tief ein solcher
Strahl bei gegebenem Treibölpumpendruck und bestimmter Düsen-
konstruktion in den mit Luft von bekannter spezifischer Dichte ange-
füllten Raum einzudringen imstande ist. Hierbei ist es zunächst nötig,
einen Anhaltspunkt zu erhalten für die Größe der Treiböltröpfchen, die

den Strahlnebel bilden. Über diese Frage sind in neuerer Zeit mehrere Arbeiten erschienen, von denen hier nur einige erwähnt werden können. Zuerst haben Häusser und Strobl (Die Messung der Tropfengröße bei zerstäubten Flüssigkeiten, Zeitschr. f. techn. Physik 24, S. 154) die Tropfengröße bei zerstäubten Flüssigkeiten dadurch gemessen, daß sie eine kleine mit einer Auffangflüssigkeit versehenen Glasplatte rasch durch den Strahl hindurchführten und die so aufgefangenen Tröpfchen unter dem Mikroskop beobachteten. Die gleiche Methode hat Wöltjen (Über die Feinheit der Brennstoff-Zerstäubung in Ölmaschinen Dissertation, Darmstadt 25) angewandt. Einige Versuche ergaben indessen, daß bei 300 at Pumpendruck und 30 at Gegendruck, also den Verhältnissen in der kompressorlosen Dieselmaschine, der Durchmesser der Tropfen noch nicht so klein ist, wie Wöltjen gefunden hat, sondern 12 bis 13 μ (1 μ = 0 001 mm) beträgt, und daß man ungefähr das Richtige treffen wird, wenn man annimmt, daß bei den normalen in kompressorlosen Dieselmotoren herrschenden Verhältnissen der mittlere Tropfendurchmesser $^1/_{100}$ bis $^1/_{50}$ mm beträgt. Natürlich kommen auch kleinere und vereinzelt auch größere Durchmesser vor, aber dies ändert an den folgenden Betrachtungen grundsätzlich nichts, sondern erleichtert nur die Verteilung des Brennstoffes im Brennraum, da die größeren Tropfen das Bestreben haben weiter zu fliegen, während die kleineren Tröpfchen mehr in der Nähe der Brennstoffdüse stecken bleiben.

Nachdem die mittlere Tropfengröße des zerstäubten Brennstoffstrahles mit einiger Sicherheit festgestellt werden kann, ist es möglich, auch die sehr wichtige Frage nach der Reichweite der Brennstoffstrahlen, wenigstens der Größenanordnung nach, zu beantworten. Es erscheint nicht aussichtslos, die Reichweite eines Strahles, der aus Tröpfchen von bekanntem mittlerem Durchmesser besteht, zu berechnen, doch bietet uns die Wissenschaft heute hierzu noch nicht alle Unterlagen. Es fehlt die genaue Kenntnis der Größe des Reibungskoeffizienten ψ, der durch die von Newton zuerst aufgestellte Gleichung:

$$R = \psi \frac{\gamma_1}{g} F v^2$$

definiert ist. Hierzu ist R die Reibungskraft, die die Verzögerung des Treiböltröpfchens vom Querschnitt F bewirkt, das mit der augenblicklichen, veränderlichen Geschwindigkeit v den mit einem Gas von der spezifischen Dichte γ 2/g erfüllten Raum durchfliegt. Über die Größe von ψ findet man in der Literatur sehr voneinander abweichende Angaben. Riehm schätzt $\psi = 0,02$, Triebnigg nimmt $\psi = 0,04$, Hesselman (Hochdrucköltmotor mit Einspritzung des Brennstoffs ohne Druckluft, Z. d. V. d. I. 23, S. 658) legt seinem vor einiger Zeit veröffentlichten Diagramm ein ψ von 0,24 zugrunde, ein Wert, den auch Kuehn in seiner Dissertation (Über die Zerstäubung flüssiger Brennstoffe, Motorwagen

27, Heft 19f.) benutzt. Wöltjen setzt gar $\psi = 0,25$, also mehr als zwölfmal so hoch wie der niedrigste Wert von ψ. Es wäre sehr zu wünschen, daß uns die physikalische Forschung über den richtigen Wert von ψ bald genaueren Aufschluß gäbe.

Abgesehen von dieser Unsicherheit kann man die Tiefe s, bis zu der ein einzelnes Tröpfchen von bekanntem Durchmesser d und gegebenen spezifischem Gewicht γ einen mit Gas von spezifischem Gewicht γ_2 erfüllten Raum durchdringt, berechnen. Nach dem Prinzip von d'Alembert müssen nämlich in jedem Augenblick, die an einem solchen Tröpfchen angreifenden äußeren Kräfte und die hineingefügt gedachte Trägheitskraft im Gleichgewicht sein. Die Durchrechnung ergibt:

$$s = \frac{1}{k} \ln (1 + V_0 \, k \, t),$$

wobei v_0 die Geschwindigkeit des Tröpfchens zur Zeit $t = 0$, d. h. seine Anfangsgeschwindigkeit ist. Letztere ergibt sich aus dem Treibölpumpendruck und beträgt beispielsweise für 300 at Pumpendruck rd. 240 m/s.

Die Rechnung wurde nun einmal für einen Tropfendurchmesser von 0,1, ein zweites Mal von 0,2 mm durchgeführt, und zwar in beiden Fällen für ein ψ von 0,02 und 0,24. Man erkennt, daß das Tröpfchen von doppeltem Durchmesser nicht ganz doppelt so weit fliegt, wie das kleinere Tröpfchen, und bemerkt den großen Unterschied in der Reichweite, der durch den verschieden angenommenen Reibungskoeffizienten bedingt wird. Bei dem zwölfmal größeren Wert von 4 beträgt die Reichweite nur den achten bis neunten Teil der Reichweite, die sich bei einem ψ von 0,02 ergibt. Hätte der Reibungskoeffizient wirklich den hohen Wert von 0,24, so wären die Aussichten, kompressorlose Dieselmotoren mit Druckzerstäubung für größere Zylindereinheiten bauen zu können, sehr gering, denn dann betrüge die Durchschlagskraft eines Tröpfchens bei $1/100$ mm Durchmesser kaum 2 cm, und auch Tröpfchen von $1/50$ mm Durchmesser würden noch nicht 4 cm weit fliegen. Glücklicherweise zeigt indessen die Erfahrung, daß Reichweiten von 25 bis 30 cm nicht unmöglich sind, woraus mittelbar geschlossen werden kann, daß der Reibungskoeffizient sich in Wirklichkeit mehr den von Riehm und Triebnigg angegebenen kleineren Grenzwerten nähert. Auch ist kein Zweifel, daß die Reichweite eines ganzen Brennstoffstrahles größer ist als die eines einzelnen Tröpfchens, weil die zuerst von der Düse abgeschleuderten Tropfen den später folgenden gleichsam den Weg bahnen, doch läßt sich dieser Einfluß zahlenmäßig nicht angeben. Der heutigen Werkstatttechnik darf man unbedenklich die betriebssichere Herstellung von Brennstoffpumpen für hohe Drücke zutrauen. «

Es ist allerdings gelegentlich bestritten worden, daß die Steigerung des Pumpendruckes eine größere Reichweite des Brennstoffstrahles zur Folge habe. Die obenerwähnten Versuche von Miller und Beardsley lassen indessen keinen Zweifel darüber, daß die Vermehrung des Pumpendruckes auch die Durchschlagskraft des Brennstoffstrahles erheblich verbessert.

Zur Berechnung der in der Vorkammer einer Dieselmaschine verfügbaren Energie hat Modersohn Versuche aufgestellt, die in der Abhandlung »Druckeinspritzung oder Vorkammerverfahren«, Z. d. V. d. I. 1926, S. 767, wiedergegeben sind. Die dort aufgeführten Werte sind von Wilcken berichtigt worden in der Z. d. V. d. I. 1927, S. 534. Wilcken gibt an: »Dr.-Ing. Modersohn hat in seinem Aufsatz eine überschlägliche Berechnung der aus der Vorkammer für das Einblasen und die Zerstäubung verfügbaren Energie angestellt und das Ergebnis mit den entsprechenden Werten einer Luft-Dieselmaschine von gleicher Bremsleistung verglichen. Hierbei wird als Temperatur des ausströmenden Gases, die das spezifische Anfangsvolumen bestimmt, 50° angenommen. Das mag für die Luft-Dieselmaschine zutreffen, gilt aber nicht für die Vorkammer-Maschine; denn die Temperatur in der Vorkammer ist am Ende der Verdichtung wesentlich höher, nämlich rund 470°, wie sich aus dem bekannten Gewicht der Ladung, dem Inhalte der Vorkammer und dem Druck berechnen läßt. Mit dieser Temperatur beträgt das Arbeitsvermögen der Vorkammer rd. 40,6 mkg gegenüber 15,8 mkg bei $t = 50°$.

Trotzdem ist die der Vorkammer-Dieselmaschine für das Einblasen und Zerstäuben zur Verfügung stehende Energie nicht fast dreimal so groß wie bei der Luft-Dieselmaschine, wie sich aus dieser Rechnung ergeben würde, sondern erheblich kleiner. Auf die Gründe, warum dieses Berechnungsverfahren einen zu hohen Wert für das Arbeitsvermögen ergibt, kann hier Raummangels wegen nicht eingegangen werden.

Die dann angegebene Beziehung ist verhältnismäßig zuverlässig für die Bestimmung des Arbeitsvermögens der Vorkammer. Für die in der Z. d. V. d. I. 1926, S. 769, berechnete Maschine ergibt sich $E \approx$ 13 mkg; da sich die Fehler zum Teil ausgleichen, so liegt der dort berechnete Wert 15,8 mkg zufällig nicht weit davon. Die daraus gezogenen Schlüsse bleiben also bedingt richtig.

Es scheint aber zweifelhaft, ob man pyrogene Zersetzung heranziehen kann, um die Wirkung der Vorkammer zu erklären. Auf solche Zersetzung kann man nicht schon daraus schließen, daß Vorkammermaschinen auch Treiböle mit hohem Zündpunkt, also vorherrschend aromatische gut verarbeiten. Nach den Untersuchungen des Kohlenforschungsinstituts Mülheim über die pyrogene Zersetzung der aromatischen Kohlenwasserstoffe spalten nämlich aromatische Kohlenwasserstoffe schon bei 750° C sehr viel amorphen Kohlenstoff ab, der schlecht zündet und nicht leicht rußfrei verbrennt. Daraus muß gerade gefolgert werden, daß keine wesentliche pyrogene Zersetzung stattgefunden hat, wenn aromatisches Treiböl gut verbrannt wird.

Allgemein kann die Dissoziation überhaupt nur dann die Verbrennung fördern, wenn die Reaktionsgeschwindigkeit der Zerfallstoffe bei Oxydation größer ist als die des Ausgangsstoffes. Das ist durchaus nicht immer der Fall, zumal nicht bei den meisten ringförmigen Kohlenwasserstoffen. Für die Zündung hat pyrogene Zersetzung kaum Bedeutung, da sie im wesentlichen erst bei Temperaturen erfolgt, die über dem Zündpunkt aller praktisch wichtigen Kohlenwasserstoffe liegen.

Eine Verdampfung von Brennstoff findet sicher statt. Ob aber in solchem Umfang und bis zu einem solchen Zeitpunkte, daß dadurch die Verbrennung künstlich beeinflußt werden kann, ist nach den neuesten Untersuchungen von Neumann nur bei wenigen Bauarten wahrscheinlich.

Es ist wohl nicht möglich, eine für alle Vorkammermaschinen gleichmäßig gültige Erklärung des Arbeitsverfahrens zu geben. Die Mannigfaltigkeit der Formen der Vorkammern zeigt, daß die Konstrukteure den Einflüssen, die die Verteilung und Zerstäubung des Brennstoffs begünstigen, verschiedene Bedeutung beimessen, und der Erfolg dieser Maschinen läßt vermuten, daß bei der einen Bauart die mechanische Zerstäubung durch die aus der Vorkammer ausströmenden Gase vorherrscht, während man bei anderen in erster Linie nach teilweiser Verdampfung des Brennstoffes oder nach einem Vorgang ähnlich dem bei den sog. Mitteldruck-Glühkopfmotoren strebt. Unter den gleichen Annahmen, unter denen oben der größtmögliche Wert des spezifischen Volumens der Gase in der Vorkammer berechnet wurde, kann man auch einen Höchstwert für die Temperatur in der Vorkammer und für die darin verbrennende Ölmenge finden. Beispielsweise steigt die Temperatur nicht über 800°, wobei nur rd. 6 vH des Brennstoffes in der Vorkammer verbrennen. Diese niedrigen Werte stehen im Einklang mit den niedrigen Wandtemperaturen der Vorkammer, die man beobachtet hat.«

Die Kohlenstaubteilchen sind nun bedeutend leichter als die kleinsten Öltröpfchen. Man kann ihnen daher nicht die gleiche Energie erteilen wie diesen, denn dazu kommt noch, daß das spezifische Gewicht des Kohlenpulvers nur etwa 50 vH des Öles ist und daß die Gestalt des Kohlenstäubchens nicht eine Kugel ist, sondern ein unregelmäßiger Körper mit rauhen Flächen, die einen sehr viel höheren Luftwiderstand ergeben als Öltröpfchen. Ein in der Dieselmaschine restlos zu verbrennendes Kohlenpulver muß durch ein Sieb von 8000 bis 10000 Maschen auf 1 cm² geschüttelt werden. Gröberer Kohlenstaub verbrennt bei langsamen Umdrehungen der Maschine bereits unvollkommen.

Infolge der größeren Angriffsflächen für den Sauerstoff der Verbrennungsluft verbrennt Kohlenstaub erheblich rascher als Ölstaub. Kohlen-, Mehl- und Zuckerstaub-Explosionen geben hierfür Beweise.

Die durch Flammung des im Verdichtungsraume oder in der Vorkammer schwebenden Kohlenstaubes kann noch dadurch beschleunigt werden, daß man ihn vor dem Einbringen mit einem Gas in längere Berührung bringt, wie es bereits Vogt und von Recklinghausen (D.R.P. Nr. 137832 und 141815) vorgeschlagen haben.

Noël und Hellback vom »United states Department of Agriculture« stellten kürzlich Versuche an über die Verwendbarkeit von Mehl- und Getreidestaub im Verbrennungsmotor. Die Versuche gehen zurück auf ein bereits im vergangenen Jahre auf der Ausstellung der nationalen chemischen Industrie Amerikas in New York gezeigtes Modell eines Getreideelevators, in dem eingeführter Mehlstaub unter Zusatz einer entsprechenden Verbrennungsluftmenge elektrisch gezündet wurde. Nach einigen tausend erfolgreichen Explosionen kam man auf den Gedanken, das gleiche im Vergasermotor zu versuchen, um bei einigermaßen Erfolg versprechenden Ergebnissen den in Elevator- und Speicheranlagen in ziemlich erheblichen Mengen auftretenden und lästigen Staub nutzbringend loszuwerden, zumal er bei ungenügender Beseitigung, ähnlich wie Kohlenstaub, wiederholt die Ursache verheerender Explosionen in genannten Anlagen gewesen ist. Als Versuchsmaschine diente ein Fordmotor, von dem der Vergaser abgeschraubt und dessen Einlaß kanäle mit einer Staubkammer (von etwa 1,7 m Höhe) verbunden wurden, in der ein Ventilator den Staub stets in der Schwebe hielt. Ein besonderes Rückschlagventil zur Sicherung gegen ein Rückschlagen der Explosionsflamme vom Motor in den Behälter war in der Verbindungsleitung vorgesehen. Zum Anwerfen diente, da man dem Startvermögen des »Staubmotors« offenbar nicht allzuviel zutraute, ein kräftiger Elektromotor mit Riemenzug. Als erste Schwierigkeit stellte sich die Änderung des im Behälter eingestellten Mischungsverhältnisses von Staub- und Verbrennungsluft im Zuführungs- und Ansaugrohr sowie in den Ventilen heraus. Ferner setzte sich der Staub beim Verdichtungshub auf den Kolben ab, so daß er nicht zündete. Zur Erzielung eines kräftigen Funkens verwendete man eine Bosch-Magnetzündung mit einer 30-mm-Spule und Trockenbatterien. Da eine Explosion im normalen Verbrennungsraum nicht erfolgte, erweiterte man diesen nach Abnahme des Zylinderkopfes durch haubenartige Aufsätze, die durch Bügel und Spannschrauben gehalten wurden. Drei der so vergrößerten Verbrennungskammern erhielten als Abschluß eine Stahlplatte, die vierte eine 8 mm starke Glasplatte, um das Verhalten des Staubes beim Ansaugen und Verdichten beobachten zu können. Die Zündkerzen ragten so weit in den Zylinder hinein, daß der Funke etwa in dessen Mitte übersprang. Der Zündstrom wurde dem normalen Netz (100 Volt) mit vorgeschaltetem Lampenwiderstand) entnommen. Der bei den ersten Versuchen nach Entfernung des Ansaugrohres unmittelbar von Hand eingebrachte Staub zündete bei der neuen Anordnung sofort und mehrere Male; in einem Zylinder wurden bis zu 12 Explosionen festgestellt. Diese waren teilweise so heftig, daß die auf dem einen Zylinder angebrachte Glasscheibe zu Bruch ging, wobei einige Glasstücke bis zu 10 m hoch geschleudert wurden.

Zugegeben, daß es sich hier um mit unzulänglichen Mitteln (Vergasermaschine) durchgeführte Anfangsversuche handelt, so dürfte einem solchen Motor wegen der vorliegenden Schwierigkeiten namentlich hinsichtlich der »Gemisch«-Verteilung und einer genügenden Staubdurchwirbelung, ähnlich wie bei dem ersten Dieselschen Kohlenstaubmotor kaum ein Erfolg beschieden sein.«

Ein Kohlenstaub-Luft-Gemisch außerhalb des Motors kann durch Zufälligkeiten zur Explosion kommen. Es sind daher Sicherheitsvorkehrungen in ausreichendem Umfange zu treffen.

Aber auch in der Maschine kann das Kohlenstaub-Luft-Gemisch gefährlich werden. Bei einer Vorkammer-Kohlenstaub-Dieselmaschine (Abb. 23, 60 u. 71) kann es vorkommen, daß eine Zündung aussetzt. Beim Betriebe mit Treiböl würde sich das unverbrannte Öl an den Wänden der Vorkammer, des Brennraumes und auf dem Kolbenboden in flüssiger Form absetzen. Ein Teil des Öles wird vielleicht verdampfen, aber eine explosionsfähige Mischung mit Luft zusammen wird nicht auftreten. —

Anders dagegen bei Kohlenstaub! Setzt eine Zündung in der Vorkammer aus, so entlädt sich die Vorkammer nach dem Brennraume hin zu Ende des Auspuffes und zu Beginn des Saughubes. Ein Teil des Kohlenstaub-Luft-Gemisches kann in die Auspuffleitung gelangen und hier Explosionen hervorrufen. Dieser Fall ist auch bereits eingetreten. Es wurde die Auspuffgrube teilweise zerstört. Noch schlimmer aber ist der Fall, wenn der Kohlenstaub in der Maschine schwebend verbleibt. Er zündet dann während der Verdichtung, und das brennende Gemisch wird weiter verdichtet, so daß außergewöhnlich hohe Drucke auftreten. Da die Sicherheitsventile der üblichen Dieselmaschinen-Bauarten verhältnismäßig knapp bemessen sind, so tritt ein mehr oder weniger völliger Zusammenbruch der Maschine auf: Die Schubstange wird verbogen, Gegengewichte abgeschleudert, der Zylinderdeckel losgerissen, der Zylinder gerissen, Auspuff- und Einlaßventil herausgeschleudert usw. Auch dieser Fall ist bereits aufgetreten.

5. Die Beseitigung der Asche.

Die Beseitigung der Asche aus dem Zylinder der Kohlenstaub-Dieselmaschine bereitet außergewöhnliche Schwierigkeiten. Der Verschleiß von Kolben und Zylindern ist trotz Waschung der Kolbenringe mittels Öles außerordentlich groß. Ein sehr gutes Beispiel für die Ausbildung einer Waschvorrichtung für den Kolben hat MacCallum in den britischen Patenten Nr. 816 A. D. 1891, Abb. 1, und Nr. 17549 A. D. 1849, Abb. 2, gegeben. Verwendet man als Kolben- und Kolbenringwaschflüssigkeit Öl, so ist der Verbrauch an diesem ein so großer, daß die Wirtschaftlichkeit der Kohlenstaub-Dieselmaschinenanlage in Frage gestellt werden kann. Das einmal benutzte Öl kann nämlich nicht wieder benutzt werden, da es bisher nicht gelungen ist, es zu reinigen.

Verwendet man gehärtete (nitrierte) Laufzylinder, so wird infolge der Trennfuge zwischen Laufzylinder und Stützmantel die Wärmeabführung an das Kühlwasser verringert. Praktisch ist dadurch nichts gewonnen. Die Herstellung von haltbaren Chromauskleidungen für die Laufflächen des Zylinders ist bisher noch nicht gelungen. Der beste Weg wäre wohl eine Aufbereitung des Kohlenstaubes, wobei Eisen und die Asche erzeugenden Teile vollständig ausgeschieden werden, bevor sie in die Maschine kommen. Selbst dann noch kann ein Verschleiß durch verkohlte Kohleteilchen (glasharter Koks) in die Erscheinung treten. Entlastet man den Arbeitskolben vom Seitendrucke, so wird natürlich die Abnutzung bedeutend verringert.

In seinem sehr interessanten Vortrage über »Die Kraftstoffe des Verkehrs, ihre Beschaffung und die wirtschaftliche Bedeutung der Druckerhöhung in der Maschine« vor der Brennkrafttechnischen Gesellschaft in Berlin am 6. 12. 27 geht Wa. Ostwald, Chemiker und Oberingenieur (Mitarbeiter der I. G. Farbenindustrie) auf den Kohlenstaub-Dieselmotor ein. Er führte aus: ».... Selbst der Kohlediesel würde voraussichtlich Pulverisierung und Entaschung des Kraftstoffes verlangen.« Er hält also nur entaschten Kohlenstaub für den Dieselmotor geeignet.

Um welchen Vomhundertsatz der Verkaufspreis des Kohlenpulvers bei chemischer Vorbehandlung (Entaschung) erhöht wird, ist nicht ohne weiteres anzugeben, da derartige Anlagen noch gar nicht bestehen.

6. Die Wirtschaftlichkeit der Kohlenstaub-Dieselmaschinen-Anlage.

Über die Wirtschaftlichkeit des Kohlenstaub-Dieselmotors zu reden hat wenig Zweck. Es ist noch kein Kohlenstaub-Dieselmotor auf dem Markte erschienen, und man kann nicht sagen, wie sich nach Einführung dieser Motoren die Kosten des Kohlenstaubes, insbesondere des entaschten gestalten werden.

Der Kaufpreis eines Dieselmotors für Kohlenstaubbetrieb ist beträchtlich höher als der einer Kompressor-Dieselmaschinenanlage. Der Kohlenstaub-Dieselmotor muß nämlich einen mehrstufigen Luftverdichter besitzen, da nicht jede Kohlenstaubsorte — so Steinkohlenstaub — nicht ohne weiteres in der Vorkammer-Dieselmaschine zündet. Es ist dann ein Zusatz von Preßluft zum Ausblasen der Vorkammer erforderlich. Ferner muß zum Anlassen Öl in die Vorkammer eingespritzt werden, wozu entweder eine Hochdruck-Treibölpumpe für Vorkammereinspritzung erforderlich ist oder eben die Lufteinblasung. Bei den

8*

schwerzündenden Steinkohlenstaubsorten ist ferner die Einspritzung
von Zündöl erforderlich. Eine besondere Vorrichtung (Verblockung
zwischen den beiden Einbringevorrichtungen für den Kohlenstaub und
das Treiböl) muß das gleichzeitige Einbringen der maximalen Mengen
zweier Brennstoffe absolut sicher verhindern. Würden nämlich sowohl
Kohlenstaub als auch Treiböl in ungefähr der maximalen Menge eingebracht werden, so könnte es vorkommen, daß das Öl verbrennt, der
Kohlenstaub jedoch nicht oder nur teilweise. Der Kohlenstaub oder
der daraus entstandene Koks würde die Maschine stark verschmutzen.
Ferner kann er in der Auspuffleitung heftige Explosionen hervorrufen,
wenn gleichzeitig ein anderer Zylinder aussetzt, also Sauerstoff in den
Auspuff gelangt.

Für die Bedienung der Kohlenstaub-Dieselmaschine sind mehrere
Maschinisten erforderlich, besonders, wenn eine besondere Kohlenstaub-
Mahl-, Sieb- und Förderanlage vorhanden ist. Der Verbrauch an Waschöl
für die Entfernung der Asche bzw. der Kohle oder des Kokses vom Kolben
und von den Kolbenringen ist sehr beträchtlich. Das verunreinigte Öl
läßt sich nicht reinigen, kann also höchstens verbrannt werden. Auch
bei Verwendung von entaschtem Kohlenstaub ist der Verschleiß von
Zylinder-Laufbüchse, Kolben- und Kolbenringen sehr beträchtlich. Die
Reparaturkosten sind entsprechend hoch. Der Kraftbedarf für das Zu-
bringen des Kohlenstaubes durch Schleuderspindeln ist infolge der hohen
Reibungsarbeit in den Spindeln 10 bis 15 vH der Motorleistung, also
beträchtlich höher als der für den mehrstufigen Luftverdichter einer
Einblase-Dieselmaschine. Für die Mahlanlage sind mindestens 2 bis
3 Maschinisten und angelernte Arbeiter für die Bedienung der verschiedenen Maschinen und Vorrichtungen erforderlich. Man muß daher be-
zweifeln, daß die Annahme Hugo Güldners (»Verbrennungskraftmaschinen« 1903, Julius Springer, Berlin) richtig ist, daß der Kohlenstaub-Dieselmotor erst dann wirtschaftlich wird, wenn er sich den
Kohlenstaub selber mahlt.

Über Sicherheitsfragen in Kohlenstaubanlagen wird in den
V. d. I.-Nachrichten 1928, Nr. 14, S. 4, von Förderreuther folgendes
berichtet:

»Wenn auch Kohlenstaub wegen seiner geringen Entzündlichkeit
weniger gefährlich ist als Öl und Gas, so lassen doch die Erfahrungen
an den Gewinnungs- und Aufbereitungsanlagen der Kohlenindustrie
eine Aufklärung über das Wesen der Gefahren des Kohlenstaubes und
eine Belehrung über deren Vermeidung und Bekämpfung ratsam erscheinen. Die in amerikanischen Zeitschriften beschriebenen Unglücks-
fälle können großenteils auf Sorglosigkeit zurückgeführt werden und die
aus diesen Unfällen hergeleiteten Forderungen scheinen dem Bestreben
entsprungen, die amerikanischen Versicherungsgesellschaften bis zum

äußersten zu decken. Nachdem die ersten Unfälle in Deutschland in Kohlenstaubanlagen eine gewisse Beunruhigung geschaffen hatten, glaubten auch die zuständigen Aufsichtsbehörden in dieser Angelegenheit gewisse Maßnahmen treffen zu müssen. Da berief der Kohlenstaubausschuß des Reichskohlenrates auf Anregung der Reichsbahn die beteiligten Kreise zu Beratungen, um die in der Industrie gesammelten wichtigsten Erfahrungen für den Bau und Betrieb von Kohlenstaubanlagen in Merkblattform zusammenzustellen.

Über die Bedingungen, unter denen Kohlenstaub als explosionsfähig zu betrachten ist, führt Dir. Dr.-Ing. Schulte in seinem Aufsatz über »Betriebsgefahren der Kohlenstaubaufbereitung und Kohlenstaubfeuerung« im Aprilheft des »Archivs für Wärmewirtschaft« vor allem die Ausführungen von Bergassessor Beyling, Leiter der Berggewerkschaftlichen Versuchsstrecke in Derne bei Dortmund, an. Eine Kohlenstaubexplosion setzt ein Kohlenstaub-Luftgemisch von bestimmter Dichte und eine Zündquelle von genügender Intensität und Dauer voraus. Durch die Ausdehnung der Gase bei der Verbrennung finden weitere Gemischbildungen statt, und die Explosion setzt sich fort. Hierbei ist der Kohlenstaub um so gefährlicher, je feiner der Staub und je höher sein Gehalt an flüchtigen Bestandteilen ist. Demnach ist bei Magerkohlenstaub und Fettkohlenstaub größere Vorsicht geboten. Als ein überschlägiges Maß für den Beginn der Explosionsgefährlichkeit einer Kohlenstaubwolke kann gelten, daß sie undurchsichtig wird.

Dr.-Ing. Förderreuther weist im Archiv für Wärmewirtschaft, Märzheft 1928, nach, daß für Feuerungsanlagen im allgemeinen für große Anlagen die Aufbereitung am Verbrauchsort, für mittlere und kleinere, schlecht ausgenutzte Anlagen dagegen meist der Bezug fertigen Kohlenstaubes wirtschaftlicher ist.

IV. Die Hochdruckgas-Dieselmaschine.

1. Das Verbrennungs-Verfahren.

Der Wärmewirkungsgrad einer Dieselmaschine hängt ab im wesentlichen vom Verbrennungsdruck und der Schnelligkeit, mit der die Verbrennung an sich vollkommen durchgeführt wird. Je schneller die vollkommene Verbrennung erfolgt, desto kürzer ist natürlich die Zeit, in der schädliche Wärmeverluste auftreten können. Die ideale Dieselmaschine ist daher der Hochdruckschnelläufer mit seitendrucklosem Triebwerk, wie ich ihn seit Jahren in baulicher Hinsicht entwickelt habe.

Je feiner verteilt das Treiböl in den Brennraum eingebracht werden kann, desto schneller kann es natürlich verbrennen. Je feiner der

Kohlenstaub gemahlen wird, desto rascher entflammt sein zündfähiges Gemisch.

Dem feinstzerstäubten, nebelförmigen, fast gasförmigen Treiböl kann man aber trotz Anwendung höchster Pumpendrucke (500 bis 1000 at) keine so große Durchschlagskraft erteilen, daß es von einer in der Mittelachse des Zylinders angebrachten Düse aus einen flachen oder einen linsenförmigen Brennraum vollständig bestreichen könnte. Ähnlich verhält es sich mit dem äußerst feingemahlenen Kohlenpulver. Von einer gewissen Zylinderabmessung ab kann durch eine in der Mittelachse des Zylinders angeordnete Vorkammer nicht mehr die im Brennraume befindliche Luftmenge einigermaßen gut durchdrungen werden.

Es müssen daher neue Mittel angewendet werden, um trotz dieser Schwierigkeiten die Schnellverbrennung durchzuführen.

Man muß nämlich die Luft zwangläufig an den ausspritzenden Brennstoff heranleiten, und zwar so, daß jedes einspritzende Brennstoffteilchen sofort die zu seiner vollkommenen Verbrennung erforderliche Menge Sauerstoff erhält. Dieses neue Arbeitsverfahren ist praktisch durchaus ausführbar. Erforderlich ist zunächst ein sehr kleines Tellerventilchen, Abb. 108, dessen Hub äußerst gering bemessen ist. Es öffnet sich durch den sehr hohen Druck der Treibölpumpe.

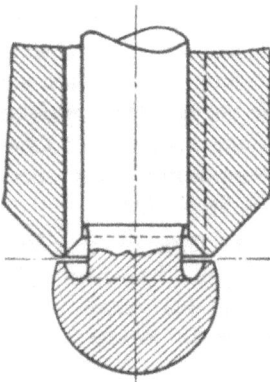

Abb. 108. Bielefeld-Tellerventil.

Der Brennraum der neuen Dieselmaschine, Abb. 109, wird völlig abweichend von der üblichen Form der gebräuchlichen Dieselmaschine durchgebildet. Er wird beispielsweise in 3 Räume gegliedert. Über dem Kolbenboden bleibt ein flacher scheibenförmiger Raum, der »restliche «Verdichtungsraum. Die Höhe dieses Raumes ist durch praktische Maßnahmen gegeben, wie das Wachsen des Kolbens und der Triebwerkteile bei ihrer Erwärmung. An diesen Raum ist nach obenhin ein Hals angeschlossen, der beim Acro-Bosch-Motor, »Pforte« genannt wird. Das Einspritzventil reicht bis nahe an diesen Hals oder die »Pforte« heran. Oberhalb des Halses ist nun der »Luftspeicher«raum angeordnet, der so genannt wird, da in ihm fast die ganze für die Verbrennung völlig ausnutzbare Luft aufgespeichert ist. Während nun beim Acro-Bosch-Motor der Luftspeicher in seiner Größe unverändert bleibt, — es ist dies ein schwerwiegender Nachteil, — wird hier beim Bielefeldmotor, der viel älter ist als der Acromotor, die Luft aus dem Luftspeicher durch einen besonders angetriebenen Hilfskolben verdrängt, sobald der Arbeitskolben auswärts geht, also sobald der restliche »Verdichtungsraum« im Zylinder über dem Kolben vergrößert wird.

Das Treiböl wird nun so eingespritzt, daß es fast die Wand des Halses berührt. Es ist also im Halse oder in der »Pforte« ein Ölnebel ausgebreitet, etwa wie ein Fischernetz in einer Flußenge. Die Verbrennungsluft wird nun durch dieses Ölnebelnetz hineingedrückt. Es leuchtet ein, daß tatsächlich jetzt eine äußerst schnelle und vollkommene Verbrennung einsetzen muß, da ja jedem Brennstoffteilchen der zu seiner Verbrennung nötige Sauerstoff unmittelbar zugeleitet wird. In dem Maße nun, wie die Verbrennung erfolgt, wird der Hilfskolben abwärts bewegt, so daß die Verbrennung ununterbrochen vor sich geht. Man kann diese Verbrennung als eine an einer »Gebläsebrennerflamme« bezeichnen.

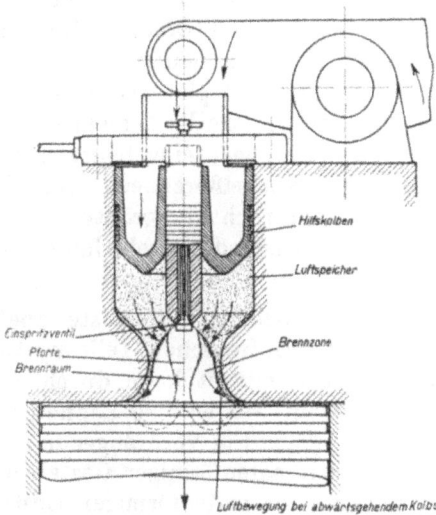

Abb. 109. Bielefeld-Luftspeicher.   Abb. 110. Bielefeld-Luftspeicher.

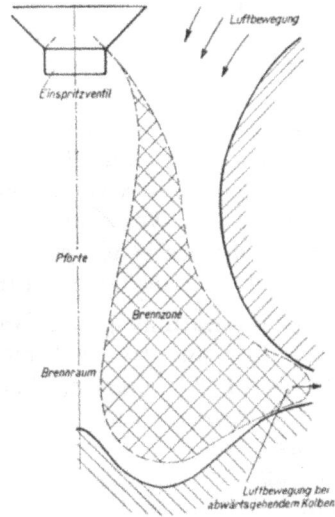

Je nach der Ausbildung der Einzelheiten wird die Verbrennung mit langer, mittellanger oder kurzer Flamme erfolgen. In Abb. 110 ist die Brennzone im Halse oder der »Pforte« des Verdichtungsraumes nach Abb. 109 vergrößert dargestellt. Man erkennt hier deutlich die Zone der Verbrennung und die der Abgase. In einer nach einem solchen Verbrennungsverfahren arbeitenden Hochdruck-Dieselmaschine verbrennt natürlich auch ohne weiteres Gas, das unter hohem Druck eingebracht wird. Natürlich ist die Durchschlagskraft des Gases geringer als die von feinstem Treibölstaub. Es ist daher nur nötig, den Hals des Brennraumes oder der »Pforte« enger zu halten, als es bei Treiböl erforderlich wäre.

Die beschriebene Vorrichtung kann mannigfach abgeändert werden. Das der neuen Schnellverbrennungs-Dieselmaschine zugrunde liegende

Arbeitsverfahren ist von mir in einer Deutschen Patentanmeldung niedergelegt worden. Sie besagt:

»Es gibt eine ausgezeichnete Möglichkeit, einen sehr hochwertigen
Dieselmotor auszuführen, der bei mäßigem Luftüberschuß eine sehr
vollkommene Verbrennung ergibt. Es ist dies der Dieselmotor mit zwangläufiger Schnellverbrennung. Das dabei angewendete neue Arbeitsverfahren besteht darin, das Treiböl, Treiböldampf oder Hochdruckgas
oder Kohlenstaub als allerfeinster Nebelschleier in den Brennraum eingebracht wird, während man gleichzeitig die Verbrennungsluft in einem
geordneten Strome in diesen Brennstoffnebelschleier, der die Form eines
Fächers, mehrere Fächer oder einer Scheibe besitzt, einleitet. Infolge
der allerfeinsten Verteilung des Brennstoffes und der gleichzeitig ge-
ordnet umlaufenden Verbrennungsluft erhält jedes Brennstoffteilchen
kurz nach seinem Eintritt in den Brennraum den zu seiner Verbrennung
erforderlichen Sauerstoff. Es verbrennt daher fast plötzlich auf einem
sehr kurzen Wege. Es ist also hier in dem Brennraume der Dieselmaschine
ein sogenannter »kurzflammiger Intensiv-Brenner« eingebaut, dessen
Flamme ebenso heiß ist wie eines autogenen Schweißbrenners. Der Wirkungsgrad der Verbrennung wird dabei natürlich ein größtmöglicher
und dementsprechend der thermische Wirkungsgrad ein sehr hoher und
das bei einem mäßigen Luftüberschuß.

Die Einbringung des Brennstoffes geschieht durch feinste Spaltdüsen oder nur ganz äußerst geringen Hub aufweisende Tellerventile.
Der geordnete ruhige Umlauf der Verbrennungsluft kann durch entsprechende Ausbildung der Maschine erreicht werden. So können zur
Erreichung dieser Wirkung angewendet werden: Ein Verdränger in Verbindung mit einem Halse bei birnen- oder tomatenförmiger Gestalt des
Brennraumes, ein Hals ohne Verdränger bei tomatenförmiger Gestalt
des Brennraumes bzw. eine ringförmig ausgebildete Brennkammer.
Dann kann bei Zweitaktmaschinen der milde, geordnete Luftumlauf
durch einen entsprechend ringmuldenförmig ausgebildeten Brennraum
und entsprechende Anordnung der Spül-, Nachlade- und Auspuffschlitze
erreicht werden.

In Abb. 111 sind die Spül- und Nachladeschlitze und die Auspuffschlitze rings in der Wand des Zylinders verteilt. Die Spül- und Nachladeschlitze liegen bei dieser Anordnung oberhalb der Auspuffschlitze.
Sie sind ferner sehr stark aufwärts gerichtet, so daß die Spülluft ganz
nahe an der Zylinderwand aufsteigen muß. Die dem Brennraume zu-
gekehrte Seite des Zylinderdeckels ist ringmuldenförmig ausgebildet,
so daß der Spülluftstrom stoßfrei nach unten hin umgeleitet wird.
Der Kolbenboden besitzt ebenfalls die Ringmuldenform. Die Auspuffgase werden daher etwas aufwärts gerichtet in den Auspuff geleitet, und die Spülluft nimmt ebenfalls diesen Weg, da sie genau

wie am Zylinderdeckel am Kolbenboden stoßfrei umgeleitet wird und die Neigung erhält, sich zu einem Ringwirbel, dessen Achse ein Kreis ist, zu schließen. Das vollständige Umleiten des Spül- und Nachladeluftstromes geschieht, nachdem der Kolben so weit aufwärts gelaufen ist, daß er die Auspuffschlitze überdeckt. Diesen Augenblick zeigt die Abb. 112. Die Versuche haben bewiesen, daß der so entstandene Ringwirbel während der nun folgenden Verdichtung bestehen bleibt, wenn die Form des Brennraumes eine ring-

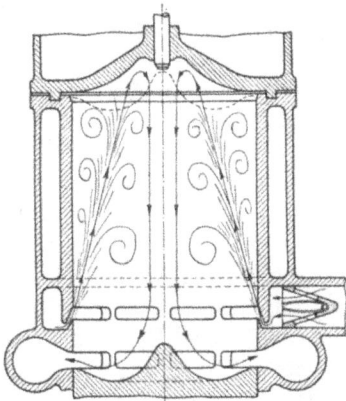

Abb. 111.

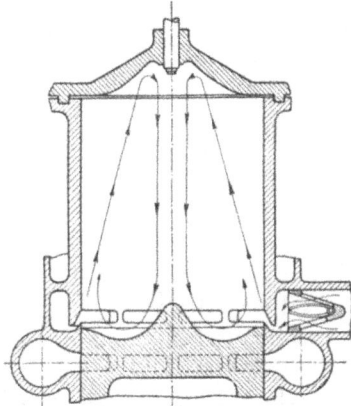

Abb. 112.

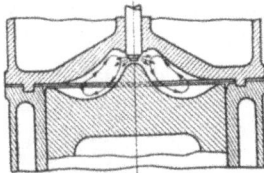

Abb. 113.

Bielefeld, 2 Takt-Schnellverbrenner ohne Hilfskolben.

mulden- oder tomatenförmige ist. Die Abb. 113 stellt den Kolben in der oberen Totlage dar. Es erfolgt jetzt die Einbringung des Brennstoffes in äußerst dünnen Fächern oder in Strahlenschleiern oder Nebelscheiben mit Hilfe einer Hochdruck-Zubringervorrichtung, durch den Einsatz hindurch. Dieser enthält äußerst flache, segment- oder ringförmige Spaltdüsen oder ein Tellerventil, dessen Hub äußerst gering bemessen ist. Der Brennstoff muß nämlich so sehr fein verteilt eingebracht werden, daß er im Augenblicke der Einbringung bereits entflammt und mit sehr kurzer Flamme auf einem möglichst kurzen Wege abbrennt. Es wird somit genau die gleiche intensive kurzflammige Verbrennung erzielt wie bei einem autogenen Schweißbrenner. Damit die Verbrennung fortlaufend, störungsfrei während ihrer ganzen Dauer erfolgen kann, muß die Zuführung der Verbrennungsluft zum Brennstoffe in dem Maße erfolgen, wie der Brennstoff eingebracht wird. Ebenso müssen die Verbrennungsgase in dem gleichen Maße in Drehrichtung des ursprünglichen Ringwirbels abgeführt werden, wozu die ringförmige Form des Brennraumes erforderlich ist. Die Durchschlagkraft des Brennstoffes muß dem Brennraume angepaßt sein. Bei der in den Abb. 111 bis 113 dargestellten Ausführungsform des Brennraumes müßte der Brennstoff bis nahezu in die Mitte des in sich um einen Kreis als Achse drehenden Ringwirbels reichen. Diese Anordnung genügt bei kleineren Maschinen. Bei richtiger Durchführung des Verfahrens und entsprechend ausgebildeter Maschine, insbesondere des Brennraumes, der Zubringervorrichtung für den Brennstoff und der Spülung nebst Ladungsanordnungen, erfolgt die Verbrennung auf einem so kurzen Wege, daß eine Berührung des Brennstoffes mit Wandungen ausgeschlossen ist. Bei Erzielung einer solchen völlig störungsfreien Verbrennung wird die Ausnutzung des Brennstoffes die größtmögliche.

Die Maschinen, die für die Durchführung des neuen Arbeitsverfahrens dienen sollen, können sehr mannigfaltig ausgeführt werden. Die Richtung des Luftstromes an der Ausbringestelle des Brennstoffes spielt keine wesentliche Rolle, sie braucht bei stehenden Maschinen nicht, wie in den Abb. 111 bis 113 dargestellt, an der Einbringerstelle des Brennstoffes von oben nach unten gerichtet sein, vielmehr kann sie auch umgekehrt ausgeführt werden. Neu und wesentlich sind die äußerst dünnen Brennstoffschleier oder Nebelscheiben und der milde oder ruhige geordnete Luftumlauf im Brennraume an den Einbringestellen des Brennstoffes vorbei, so daß eine fast augenblickliche Verbrennung mit sehr kurzer Flamme gleich nach seiner Einbringung erreicht wird, ohne unnötige Wirbelungen, die die erhöhte Ableitung von Wärme an die Wandungen bewirken würden.

Es ist nämlich für die Güte der Verbrennung einerlei, ob wie in Verpuffungsmotoren während der Verbrennung kein nennenswerter Stofftransport stattfindet oder ob während der Verbrennung in der neuartigen Dieselmaschine sowohl der Brennstoff als gleichzeitig auch die Luft transportiert werden. Das ausschlaggebende ist nämlich die Schnelligkeit der Entflammung. Es nutzt dem Vergaser-Verpuffungsmotor gar nichts, daß Brennstoff und Sauerstoff verhältnismäßig sehr nahe aneinander gelagert werden. Die Entflammung geschieht durch den elektrischen Zündfunken. Es ist für die Schnelligkeit der Durchflammung der Ladung im wesentlichen die Zündgeschwindigkeit maßgebend, abgesehen von Zufälligkeiten wie Selbstzündung durch Resonanzwirkung an verschiedenen Stellen des Brennraumes zugleich. Daß auch beim Vergaser-Verpuffungsmotor ein wenn auch kurzwegiger Stofftransport stattfinden muß, ist selbstverständlich. Bei dem Schnellverbrennungsverfahren in der Dieselmaschine tritt an die Stelle der Zündgeschwindigkeit die Einspritzgeschwindigkeit des allerfeinst zerstäubten (vernebelten) Treiböles oder besser noch des Treiböldampfes und die Umwälzgeschwindigkeit der Verbrennungsluft. Sowohl Eintrittsgeschwindigkeit des Brennstoffes als auch die Umwälzgeschwindigkeit der Verbrennungsluft können beliebig gewählt werden. Es kann daher in der Dieselmaschine mit zwangläufiger Schnellverbrennung am Gebläsebrenner jede Verbrennung in beliebig kurzer Zeit durchgeführt werden. Man kann bei Vergaser-Verpuffungsmotoren die Schnelligkeit der Entflammung des Gemisches bei ein und demselben Brennraume vergrößern durch Anwendung mehrerer Zündkerzen an möglichst verschiedenen Stellen. Bei der vorbeschriebenen Schnellverbrennungs-Dieselmaschine werden im Gegensatz dazu nicht die Einspritzstellen vermehrt, sondern gleichzeitig die Eintrittsgeschwindigkeit des flüssigen oder gasförmigen Brennstoffes und die Geschwindigkeit der umlaufenden oder an der Eintrittsstelle des Brennstoffes vorbeistreichenden Verbrennungsluft.

2. Die Erzeugung von Hochdruckgas.

Es interessiert jetzt noch die Erzeugung von Hochdruckgas. Hierzu benötigen wir eine beheizte Retorte, in die Treiböl eingespritzt wird. Da Treiböl einen sehr geringen Raum im Verhältnis zu seinem Heizwerte einnimmt, so wird man natürlich bei leichten Kraftfahrzeugen, wie Lastwagen, Automobilen, Flugzeugen und Luftschiffen die Verwendung von Treiböl, d. h. Dieselöl (Gas-Paraffinöl usw.) der Benutzung von Kohlenstaub vorziehen. Die beheizte Retorte der Dieselmaschine tritt dann an die Stelle des Vergasers der Verpuffungsmaschine. Eine Hochdruckpumpe drückt den flüssigen Brennstoff in die Retorte. Abmeßvorrichtungen führen das erzeugte Hochdruckgas den einzelnen Brennräumen der Maschine zu.

Für größere ortsfeste Anlagen wird man das Hochdruckgas vorteilhafter aus Kohle gewinnen. Es besteht hier bereits ein Verfahren, das praktisch erprobt ist. Es ist dies das Bergin-Verfahren zur Verflüssigung der Kohle. Bei der Benutzung dieses Verfahrens zur Erzeugung von Gas für Dieselmaschinen wird das Gas den Hochdruckretorten entnommen und möglichst ungekühlt den Brennräumen der Dieselmaschine zugeführt. Es wird somit die Kühlung des Hochdruckgases vermieden und die beim Kohleverflüssigungsverfahren an das Kühlwasser übergehende Wärme wird in der Dieselmaschine nutzbringend verwertet.

Das neue Arbeitsverfahren zur Verbrennung von Hochdruckgas in Dieselmaschinen ergibt natürlich einen außergewöhnlich hohen Wärmewirkungsgrad der gesamten Anlage, wie er mit Kohlenstaub-Dieselmotoren nicht erreicht werden kann. Auch wird das neue Verfahren sicher bedeutend wirtschaftlicher werden als die Kohlenstaub-

Dieselmaschine, denn die Anlagekosten werden trotz der Hochdruck-
Vergasungsanlage niedriger sein, da die Kohlenstaub-Dieselmaschine
eine umfangreiche Trocknungs-, Mahl-, Sieb- und Förderanlage benötigt. Es kann in der Dieselmaschine nur allerfeinster Kohlenstaub
verbrannt werden, dessen Herstellung, wie Abb. 98 erkennen läßt, sehr
teuer werden muß. Bei Anwendung der Hochdruck-Kohlevergasung
aber braucht die Kohle lange nicht so weit zerkleinert werden wie zur
Verwendung in der Dieselmaschine.

Versuche müssen natürlich erst ergeben, ob nur die eine oder die
andere Maschinengattung wirtschaftlicher ist oder ob beide Gattungen
nebeneinander bestehen können.

V. Höchstdruckdampfmaschinen-Anlagen.

Bei größeren Anlagen, wo die Bedienung der Maschinen keine
ausschlaggebende Rolle spielt, tritt als Wettbewerber des Kohlenstaub-
Dieselmotors die Höchstdruckdampfmaschine auf.

Eine wirtschaftliche aussichtsreiche Kesselanlage wird durch das
Benson-Verfahren ermöglicht.

Benson (D.R.P. 412342) preßt das Wasser bis auf den kritischen
Druck, 224,2 at, erhitzt es bis auf die kritische Temperatur, 374° C,
und läßt es dann in einen Raum mit 105 at Druck austreten, wo es verdampft unter Ausscheidung von Wasser. Benson vermeidet dabei die
Ausscheidung des Wassers dadurch, daß er zusätzlich Wärme zuführt.

Man kann nämlich Dampf unter einem Druck, 225 at, und bei
einer Temperatur, 390° C, erzeugen, die annähernd gleich sind den
kritischen oder darüber hinausgehen. Durch dieses Verfahren wird das
Sieden im Dampferzeuger vermieden und das Wasser geht unmerklich
in Dampf über. Dieser Dampf wird dann in einen Raum minderen Drucks
bis auf den Verwendungsdruck entspannt, wobei ihm vor oder während
der Entspannung stetig oder in Stufen Wärme zugeführt wird, beispielsweise so, daß er gerade seine Temperatur beibehält.

Hält man nun das Wasser im Dampferzeuger nicht ganz auf den
kritischen Druck, sondern bleibt man mit diesem Druck dicht unterhalb
des kritischen Druckes und läßt es dann in den Raum minderen Druckes
eintreten, so wird ein Teil davon sofort verdampft, während sich ein
anderer Teil in Wasser verwandelt, der dann durch Zuführung von Wärme
ebenfalls verdampft werden kann.

Nun hat man schon ein Verfahren angewandt, bei dem Wasser im
Dampferzeuger unter einem solchen Drucke gehalten worden ist, daß
es nicht verdampfen konnte, und hat es dann in einen Raum minderen
Druckes eintreten lassen, so daß es sich dort in Dampf und Wasser schied.
Dabei handelte es sich aber um einen Druck, der weit unterhalb des
kritischen Druckes lag, so daß sich Wasser in größeren zusammen-

hängenden Mengen ausschied und im Ausdehnungsraum unter Sieden verdampft werden mußte. Man hat also bei diesem Verfahren das Sieden nicht vermieden, sondern man hat es nur aus dem Kessel in den Ausdehnungsraum verlegt.

Von diesem bekannten Verfahren unterscheidet sich das Verfahren nach der Erfindung von Benson durch die Anwendung eines Druckes dicht unterhalb des kritischen Druckes ganz wesentlich. Wird nämlich das Wasser bei einem Druck in der Nähe des kritischen Druckes erhitzt, und zwar auf eine Temperatur dicht unter der kritischen Temperatur, so hat das Wasser die größte Wärme aufgenommen, die es ohne zu verdampfen überhaupt aufnehmen kann. Sie reicht dazu aus, bei der Entspannung annähernd die Hälfte des Wassers zu verdampfen. Zur vollständigen Verdampfung muß dem Wasser dann nur noch eine ganz geringe Wärmemenge zugeführt werden, und die Niederschlagung des Dampfes im Ausdehnungsraum findet in ganz anderer Weise statt wie bei den älteren Verfahren. Dies hat seinen Grund darin, daß der Unterschied der spezifischen Gewichte des Niederschlages und des Wassers unter den vorliegenden Verhältnissen ganz gering ist, so daß das Gemenge von Wasser und Dampf sich nicht leicht entmischt. Vor allem dann trifft das zu, wenn die Entspannung im Ausdehnungsraum zunächst nur gering ist, so daß also das sich bildende Gemenge noch einen Druck hat, der nur wenig unter dem kritischen Druck liegt. Tritt das Wasser in den Ausdehnungsraum ein, so kommt es infolgedessen dabei nicht zur eigentlichen Regenbildung und das Wasser sammelt sich nicht in größeren zusammenhängenden Mengen auf dem Boden dieses Raumes, sondern Wasser und Dampf bleiben in allerfeinster Verteilung miteinander gemengt. Bei der Zuführung von Wärme zum Ausdeh-

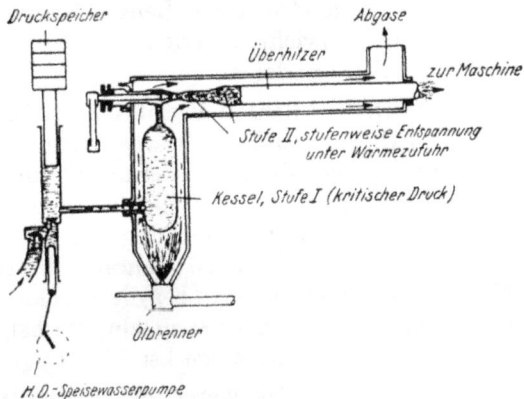

Abb. 114. Benson-Kessel (Tchema).

nungsraum gehen dann die mit dem Dampf durchmengten, bei ihrer Bewegung mit den Gefäßwänden in Berührung kommenden Flüssigkeitsteilchen unter Zuführung nur ganz geringer Wärmemengen und ohne störenden Siedeerscheinungen in Dampf über.

Benson hält deshalb das Wasser nach Abb. 114 in der ersten Stufe seiner kochmäßigen Behandlung, d. h. bei seiner Erwärmung im Dampferzeuger (Kessel), unter einen Druck von 225 at, also über den kritischen

Druck (bei 390⁰ C). Wird dabei der kritische Druck erreicht oder überschritten, so geht das Wasser unmittelbar in Dampf über ohne zu sieden.
Die der Erfindung zugrunde liegende Erkenntnis besteht nun darin, daß
es nicht unbedingt nötig ist, den kritischen Druck zu erreichen oder ein-
zuhalten, sondern daß man annähernd die gleichen Vorteile erzielen
kann, wenn man mit dem Druck ganz oder zeitweise dicht unterhalb
des kritischen Druckes bleibt und dann entspannt, so daß man im Ausdehnungsraum (Stufe II) ein leicht und ohne störendes Sieden in Dampf
verwandelbares Gemisch bekommt.

Dieses Gemisch wird dann durch Wärmezufuhr in trockenen Dampf
verwandelt. Die Wärme kann dabei während der Entspannung zugeführt
werden, einerlei ob diese Entspannung stetig oder absatzweise erfolgt;
man kann aber auch zwischen den Absätzen Wärme zuführen. Zweckmäßig wählt man die Absätze so, daß der Wassergehalt des Dampfes
in allen Absätzen klein bleibt.

Der Druck in der ersten Stufe wird durch eine Speisepumpe erzeugt, die in Abhängigkeit vom Druck in dieser Stufe selbsttätig geregelt werden kann. Außerdem kann ein Druckspeicher angeordnet
werden, der bei plötzlichen Erhöhungen des Dampfbedarfes dafür sorgt,
daß der Druck auch nicht vorübergehend unter das zur Durchführung
des Verfahrens erforderliche Maß sinkt.

In Deutschland wird der Benson-Kessel von den S.S.W. entwickelt.
Die V. d. I.-Nachrichten berichten über die Versuchsanlage in Nr. 18
vom 2. 5. 28 folgendes:

Die nach dem Benson-Verfahren zur Erzeugung von Dampf mit dem
kritischen Druck von 224,2 at arbeitende erste Betriebsanlage im Kabel-
werk der Siemens-Schuckertwerke hat nunmehr seit einigen Monaten
laufend gearbeitet, so daß alle früheren Zweifel über die praktische
Ausführung der Dampferzeugung bei so hohem Druck als widerlegt
gelten dürfen. Der Betrieb während dieser Zeit hat die Möglichkeit
geboten, viele Erfahrungen über die zweckmäßige Gestaltung der Einzelheiten solcher Anlagen zu sammeln, die bei einer neuen für das Kabel-
werk geplanten Kesselanlage berücksichtigt werden sollen.

Besonders wichtig waren die Erkenntnisse, die über die Speise-
wasserfrage gesammelt werden konnten. In dem geschlossenen Kreislauf von Dampf und Wasser durch Kessel und Heizleitungen können
durch mit chemisch gereinigtem Wasser gespeiste Niederdruckkessel,
die auf dasselbe Heizsystem arbeiten und dadurch überlastete Verdampfer-
anlagen Verunreinigungen in den Kreislauf kommen, wodurch Salz-
ablagerungen in den Rohren, der Turbine und den Armaturen ermöglicht
sind. Da beim Benson-Kessel die sonst zur Laugenkonzentration und
Abschlammung dienende Trommel fehlt, müssen Maßnahmen getroffen
werden, welche dieses Glied ersetzen, damit Störungen vermieden

werden. Die Erfahrungen bilden eine wertvolle Ergänzung zu den Veröffentlichungen von Mr. Anderson über die 100-at-Anlage in Milwaukee.

. Auch in den Anforderungen an die Regelung solcher Anlagen hat man weitere Fortschritte gemacht, wobei ein von Siemens & Halske durchgebildeter Druckimpuls, bei dem ein zur Hälfte gefüllter Glasring mit eingelegtem Widerstand durch die Manometerfeder verstellt wird, und ein von den Siemens-Schuckertwerken entwickelter Temperaturregler gute Ergebnisse zeitigten. Bei Betriebsversuchen, bei denen die Wassermenge dauernd verändert wurde, konnten die Schwankungen im Druck auf ± 2 vH und die Schwankungen in der Temperatur des erzeugten Dampfes auf ± 5 vH beschränkt werden.

Auch der Bau des Versuchskessels von 3000 kg stündlicher Dampfleistung für das Maschinenlaboratorium der Technischen Hochschule Charlottenburg hat Gelegenheit geboten, Erfahrungen über die Durchbildung der Verdampferrohre, namentlich für kleine Kessel mit Ölfeuerung oder Rostfeuerung, zu sammeln.

FACHLITERATUR:

*Der Versand der Broschüren erfolgt nur gegen Voreinsendung der Beträge oder gegen
Nachnahme, in letzterem Fall zuzüglich RM. 0.50 für den Nachnahme-Versand,
jedoch nach außerhalb Deutschland nur gegen Voreinsendung.*

Verlag

Deutsche Motor-Zeitschrift G. m. b. H.
Dresden-A 19, Müller-Berset-Straße 17

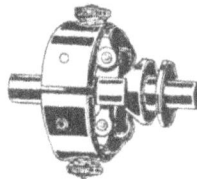

Die leichte

Fahrzeug-Dieselmaschine

der nächsten Zeit ist ein

Hochdruck-Diesel-Zweitaktmotor

nach dem

Schnellverbrennungsverfahren

(Verbrennung am Gebläsebrenner)

mit überbemessenem Gebläse und
seitendrucklosem Triebwerk!

Bauarten Bielefeld, D.R.P. ange-
meldet.

Der neue Diesel-Fahrzeug-Motor
ist hochelastisch bei geringem
Luftüberschuß!

Er ermöglicht alle Schaltungen
ohne Wechselgetriebe!